Doll Coordinates Recipe
Sweet Fairy Tale
甜美的童話故事
娃娃服裝穿搭與製作

11cm、20cm、22cm、27cm 娃娃服飾

Rosalynnperle

Prologue

製作人偶服時，我並不是先畫設計圖再製作，
而是從布料、材料等獲得靈感來製作。
使用這次旅行中發現的古董蕾絲花邊或種在陽台上的三色堇、
珍藏多年的復古布料等製作成作品。

這本書裏出現的材料、配件、布料等都不是照原樣使用，
而是費了額外的工夫去處理再利用，
比如剪下蕾絲花邊當作花樣或將花瓣樹脂加工，
雖然使用同樣的材料製作人偶服，但只要一點點創意就可以製作出富有變化的作品，
我認為這是最大的魅力。
「Sweet Fairy Tale」是和 Rosalynnperle 一樣如童話故事般充滿可愛的一本書。

2004 年起開始製作人偶服，感謝眾多粉絲的支持才能出版這樣的書，
也由衷感謝所有人的協助。

Rosalynnperle Yamakei

Contents

Model：Blythe
製作方法：P77
BLYTHE is a trademark of Hasbro and is used with permission.
©2019 Hasbro. All Rights Reserved. Licensed by Hasbro

8

Model：ruruko
製作方法：P77
ruruko™ ©PetWORKs Co., Ltd.

Model：momoko
製作方法：P108
momoko™ ©PetWORKs Co., Ltd.

Model：ruruko
製作方法：P83
ruruko™ ©PetWORKs Co., Ltd.

Model：美音
製作方法：P54
©OBITSU 製作所

Model：EMMA [amethyst]（左）、深音（右）
製作方法：P56、P58
©OBITSU 製作所

20

Model：iMda2.6
製作方法：P88

Model：EX☆CUTE FAMILY Sera
製作方法：P91、P93
©2016 Omoiataru／AZONE INTERNATIONAL

24

Model：Tiny Betsy McCall
製作方法：P66
Betsy McCall® is a registered trademark licensed for use by Meredith Corporation. ©2018 Meredith Corporation.

Model：Tiny Betsy McCall
製作方法：P69
Betsy McCall® is a registered trademark licensed for use by Meredith Corporation. ©2018 Meredith Corporation.

All Item List

Photo p5
製作方法 p52

Photo p7
製作方法 p53

11cm 尺寸的服裝。

本書的 11cm 人偶以 OBITSU11 和黏土娃（girl）為對象。
標準模特兒為 OBITSU11。

Photo p18
製作方法 p54

Photo p19
製作方法 p58

11cm 尺寸的服裝。

本書的 11cm 人偶以 OBITSU11 和黏土娃（girl）為對象。
標準模特兒為 OBITSU11。對黏土娃（girl）來說，袖子和褲長比較長。連衣裙和針織帽不能穿戴。

Photo p19／製作方法 p56

11cm 尺寸的服裝。

本書的 11cm 人偶以 OBITSU11 和黏土娃（girl）為對象。
標準模特兒為 OBITSU11。

Photo p4
製作方法 p61

Photo p6
製作方法 p64

20cm 尺寸的服裝。

本書的 20cm 人偶以 Odeco chan＆Nikki、Tiny Betsy McCall、Middie Blythe、ruruko（Pure Neemo XS body）為對象。

標準模特兒為 ruruko（Pure Neemo XS body）。

對 Odeco chan＆Nikki 和 Middie Blythe 來說衣服長度比較長。

Photo p28／製作方法 p66

20cm 尺寸的服裝。

本書的 20cm 人偶以 Odeco chan＆Nikki、Tiny Betsy McCall、Middie Blythe、ruruko（Pure Neemo XS body）為對象。

標準模特兒為 Tiny Betsy McCall。貝雷帽的話其他人偶不能戴。

服裝的話，符合上述條件的人偶大致都可以穿，但對 Odeco chan＆Nikki 來說褲子的腰圍稍微鬆一點。

對 Middie Blythe 來說整體穿起來都比較寬鬆。

Photo p29／製作方法 p69

20cm 尺寸的服裝。

本書的 20cm 人偶以 Odeco chan＆Nikki、Tiny Betsy McCall、Middie Blythe、ruruko（Pure Neemo XS body）為對象。

標準模特兒為 Tiny Betsy McCall。

服裝的話，符合上述條件的人偶大致都可以穿。

Photo p5
製作方法 p73

Photo p6
製作方法 p75

22cm 尺寸的服裝。

本書的 22cm 人偶以 EX☆CUTE（Pure Neemo S body）、Blythe、Licca 為對象。

標準模特兒為 EX☆CUTE（Pure Neemo S body）。ruruko（Pure Neemo XS body）也可以穿。

對 iMda2.6 來說連衣裙和褲子不能穿。

22cm 尺寸的服裝。

本書的 22cm 人偶以 EX☆CUTE（Pure Neemo S body）、Blythe、Licca 為對象。標準模特兒為 Blythe。
iMda2.6 也可以穿。對 ruruko（Pure Neemo XS body）來說穿起來有點鬆。

Photo p14／製作方法 p80

22cm 尺寸的服裝。

本書的 22cm 人偶以 EX☆CUTE（Pure Neemo S body）、Blythe、Licca 為對象。標準模特兒為 Blythe。
對 ruruko（Pure Neemo XS body）來說穿起來比較鬆。對 iMda2.6 來說，馬甲比較緊，只有連衣裙可以穿。

Photo p16／製作方法 p83

22cm 尺寸的服裝。

本書的 22cm 人偶以 EX☆CUTE（Pure Neemo S body）、Blythe、Licca 為對象。
標準模特兒為 EX☆CUTE（Pure Neemo S body）。
ruruko（Pure Neemo XS body）也可以穿。對 iMda2.6 來說不能穿。

Photo p20／製作方法 p86

22cm 尺寸的服裝。

本書的 22cm 人偶以 EX☆CUTE（Pure Neemo S body）、Blythe、Licca 為對象。

標準模特兒為 EX☆CUTE（Pure Neemo S body）。

對 ruruko（Pure Neemo XS body）來說穿起來比較鬆。對 iMda2.6 來說不能穿。

Photo p22／製作方法 p88

22cm 尺寸的服裝。

本書的 22cm 人偶以 EX☆CUTE（Pure Neemo S body）、Blythe、Licca 為對象。標準模特兒為 Blythe。
iMda2.6 也可以穿。對 ruruko（Pure Neemo XS body）來說穿起來有點鬆。

Photo p24
製作方法 p93

Photo p24
製作方法 p91

22cm 尺寸的服裝。

本書的 22cm 人偶以 EX☆CUTE（Pure Neemo S body）、Blythe、Licca 為對象。

標準模特兒為 EX☆CUTE（Pure Neemo S body）。對 ruruko（Pure Neemo XS body）來說穿起來有點鬆。

對 iMda2.6 來說附有浮雕寶石的連衣裙不能穿。

43

Photo p25
製作方法 p95

Photo p25
製作方法 p97

22cm 尺寸的服裝。

本書的 22cm 人偶以 EX☆CUTE（Pure Neemo S body）、Blythe、Licca 為對象。
標準模特兒為 EX☆CUTE（Pure Neemo S body）。對 ruruko（Pure Neemo XS body）來說穿起來有點鬆。
對 iMda2.6 來說整體穿起來都比較小。

Photo p27／製作方法 p99

22cm 尺寸的服裝。

本書的 22cm 人偶以 EX☆CUTE（Pure Neemo S body）、Blythe、Licca 為對象。
標準模特兒為 EX☆CUTE（Pure Neemo S body）。ruruko（Pure Neemo XS body）也可以穿。
對 iMda2.6 來說連衣裙不能穿。

Photo p4／製作方法 p103

27cm 尺寸的服裝。

本書的 27cm 人偶以 Jenny、momoko、Unoa Quluts Light Fluorite 為對象。
對 iMda2.6 來說裙子不能穿。

Photo p7／製作方法 p106

27cm 尺寸的服裝。

本書的 27cm 人偶以 Jenny、momoko、Unoa Quluts Light Fluorite 為對象。
iMda2.6 也可以穿。

Photo p10／製作方法 p108

27cm 尺寸的服裝。

本書的 27cm 人偶以 Jenny、momoko、Unoa Quluts Light Fluorite 為對象。
22cm 尺寸和 iMda2.6 也可以穿。

How to make
&
Pattern

關於本書的製作方法和紙型

· 本書刊登了 4 種尺寸的紙型分別為 11cm、 20cm、 22cm、 27cm。
製作方法的開頭提到的人偶就是當作標準模特兒的人偶。關於符合各
個尺寸條件的人偶，請參照 P30「All Item List」。

· 本書中布料尺寸以寬度×長度的順序標示。所需的量可能會因布·材
料的不同而有差異。另外，因為布料有表裏面的關係，裁剪 2 片對稱
的必要配件時，請注意左右的方向。

· 以標示在紙型上的蕾絲花邊或編織帶等之「安裝位置」為基準。請依
據所使用的蕾絲花邊等材料的不同來做調整。

11cm 帶有花樣的連衣裙

材料

棉·花紋圖案　20cm×17cm
棉·白布（衣服本體裏布用）　10cm×8cm
65mm 寬蕾絲花邊（罩裙用）　18cm
8mm 寬蕾絲花邊　9cm（袖口用 4.5cm×2 條）
3mm 寬緞帶　17cm
蕾絲花樣　1 片
名牌標籤　1 片
魔術貼　0.5cm×6cm

製作方法

1. 袖口沿著完成線摺起來縫好。

2. 袖口用的蕾絲花邊疊放在袖口上，從表面車兩道壓線。

3. 在袖山抽出皺褶。

4. 衣服本體的肩線和袖山的中心對齊，表面對表面將袖子安裝上去。

5. 衣服本體表、裏布表面和表面對齊，後開口～領圍～後開口車縫一圈，領圍的縫份剪出牙口，翻回表面，將形狀整理好。

6. 衣服本體表布和衣服本體裏布的袖圍是衣服本體表布那側的袖子和接縫以上部分重疊一起縫，車縫到衣服本體裏布的止縫處為止。

7. 僅縫合衣服本體表布的脇邊～袖為止，翻回表面，將脇邊縫份攤開。

8. 衣服本體裏布的脇邊表面和表面對齊縫合，將縫份攤開。

9. 裙子的下襬沿著完成線摺起來縫好。

10. 罩裙用蕾絲花邊的上部稍微縮縫，疊放在裙子上，將兩片的後開口一起車縫。

11. 兩片的後開口一起沿著完成線摺起來，在 5mm 處車縫。

12. 罩裙和裙子的腰部一起抽出皺褶，和衣服本體表布的腰部表面和表面對齊車縫。

13. 衣服本體裏布的腰部沿著完成線摺起來，縫在裙子的裏面。

14. 在後開口安裝魔術貼。

15. 將蕾絲花樣和打成蝴蝶結的緞帶縫製固定在胸部。

16. 名牌標籤用布用黏合劑固定在罩裙的下襬。

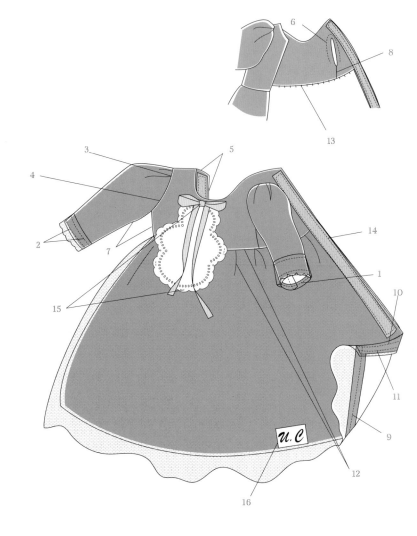

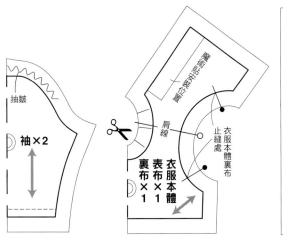

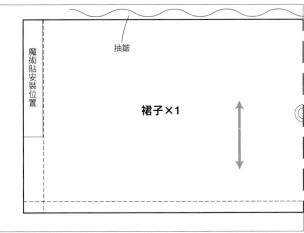

11cm 睡衣

材料

棉紗　20cm×20cm

15mm 寬蕾絲花邊　22cm

4mm 寬絲質緞帶　10cm（袖口用 5cm×2 條）

小珍珠　6 顆

2mm 珠子（玻璃珠）　3 顆

薄的軟式魔術貼　0.5cm×5cm

3mm 扁平鬆緊帶　10cm（袖口用 5cm×2 條）

刺繡線　適量

製作方法

1. 後開口和袖口分別沿著完成線摺起來，用熨斗壓燙。

2. 在袖口車縫。

3. 在袖子裏的鬆緊帶安裝位置，一邊將鬆緊帶拉引一邊車縫，完成後長度約 2.5cm～2.8cm。

4. 在領圍抽出皺褶，縮小成 6cm 左右。

5. 斜布條和領圍的記號對齊車縫，縫份包一圈縫在裏側。
   ※因為斜布條在縫製的過程中寬度很容易變窄細，所以稍微剪寬一點，在縫製時比較容易調整和製作。

6. 脇邊～袖下表面對表面車縫，縫份剪出牙口後攤開，用熨斗壓燙。

7. 下襬沿著完成線摺起來縫好。

8. 下襬縫上蕾絲花邊。

9. 後開口摺起來，縫製固定魔術貼。

10. 在袖口固定打成蝴蝶結的絲帶。

11. 在胸口刺繡，固定珍珠和珠子。

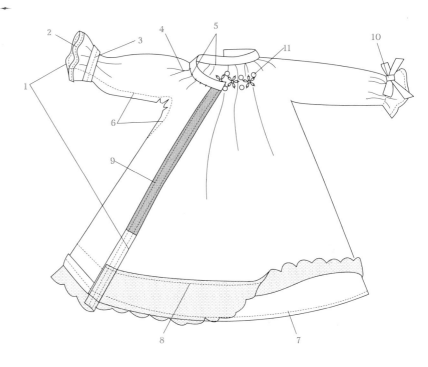

領圍斜布條×1

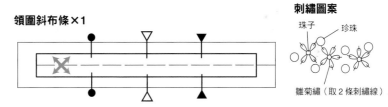

刺繡圖案

珠子　珍珠

雛菊繡（取 2 條刺繡線）

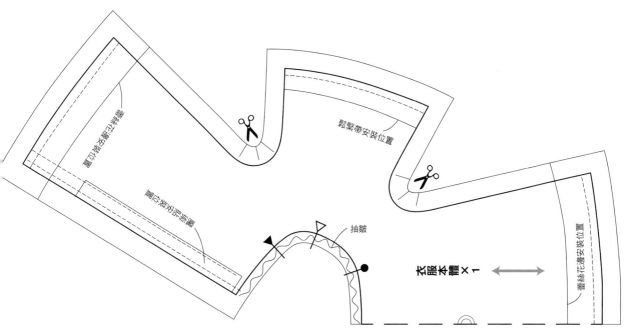

裏口裝在縮成比袖寬窄

胸合褶的固定位置

鬆緊帶安裝位置

抽皺

衣服本體×1

蕾絲花邊安裝位置

11cm 細褶網紗洋裝

材料

起皺加工棉紗　25cm×20cm
圓點軟網紗（袖荷葉邊用、裙子用、裙子荷葉邊用）　40cm×10cm
9mm 寬蕾絲花邊40cm（袖口用 4.5cm×2 條、網紗裙前面裝飾用 4.5cm×2 條、網紗裙下襬裝飾用 20cm）
5mm 寬編織帶　7cm
4mm 寬絲質緞帶　10cm
薄的魔術貼　0.5cm×5.5cm

製作方法

1. 在粗裁的布上以 2mm 寬度打細摺成 1mm 寬的接縫，將紙型放上去裁剪出衣服本體和袖子。

2. 衣服本體表、裏布表面和表面對齊，從後開口～領圍～後開口車縫一圈，領圍的縫份剪出牙口，翻回表面，將形狀整理好。

3. 在袖口荷葉邊抽出皺褶，在袖口表面對表面縫合。

4. 縫份倒向袖子這側，縫上袖口用蕾絲花邊。

5. 在袖山抽出皺褶。

6. 衣服本體布的肩線和袖山的中心對齊，表面對表面將袖子安裝上去。

7. 衣服本體表布和衣服本體裏布的袖圍是衣服本體表布那側的袖子和接縫以上部分重疊一起縫，車縫到衣服本體裏布的止縫處為止。

8. 僅縫合衣服本體表布的脇邊～袖為止，翻回表面，將脇邊縫份攤開。

9. 衣服本體裏布的脇邊表面和表面對齊車縫，將縫份攤開。

10. 裙子的下襬沿著完成線摺起來車縫。

11. 前面裝飾用的蕾絲花邊縫在網紗裙上。

12. 網紗裙荷葉邊抽出皺褶，在網紗裙的下襬表面對表面縫製固定，縫份往上倒。

13. 下襬裝飾用蕾絲花邊縫在網紗裙上。

14. 將網紗裙和裙子兩片重疊，暫時固定，兩片的後開口一起沿著完成線摺起來車縫。

15. 14 的上部抽出皺褶，與衣服本體表布的腰部表面和表面對齊縫合。

16. 衣服本體裏布的腰部沿著完成線摺起來，縫在裙子的裏面。

17. 編織帶用布用黏合劑黏貼在腰部周圍。

18. 在後開口安裝魔術貼。

19. 緞帶打成蝴蝶結固定在胸前。

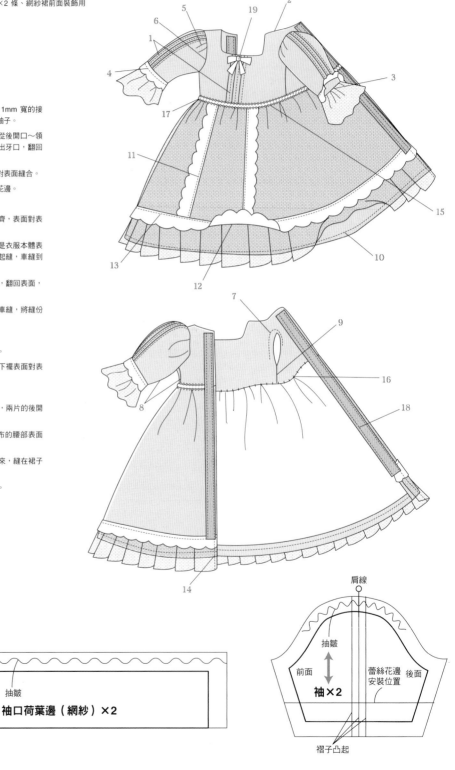

抽皺
袖口荷葉邊（網紗）×2

肩線
抽皺
前面　後面
蕾絲花邊安裝位置
袖×2
褶子凸起

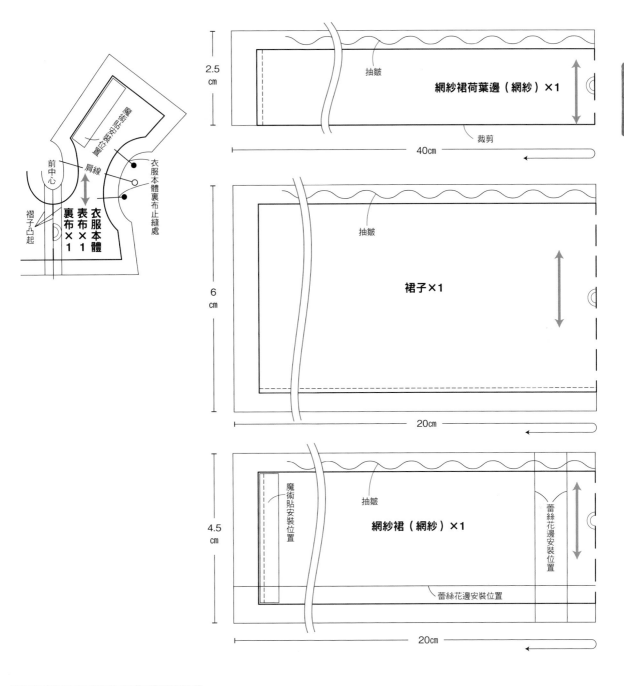

前中心
肩線
衣服本體
裏布×1
表布×1
衣服本體裏布止縫處
褶子凸起

2.5 cm

抽皺
網紗裙荷葉邊（網紗）×1
裁剪
40cm

6 cm

抽皺
裙子×1
20cm

4.5 cm

魔術貼安裝位置
抽皺
網紗裙（網紗）×1
蕾絲花邊安裝位置
蕾絲花邊安裝位置
20cm

11cm 條紋蝴蝶結

材料

25mm 寬羅紋緞帶　11cm
5mm 寬緞面緞帶　4cm
鐵絲　6cm

製作方法

1. 緞帶在中心重疊 5mm，將中心整理成凹摺縫製固定。
2. 用緞面緞帶將中心包捲起來固定好。
3. 鐵絲彎曲成波浪型，縫製固定在裏側。

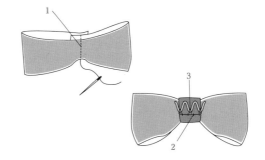

11cm 罩衫

材料

起皺加工棉紗　26cm×10cm
8mm 寬蕾絲花邊　16cm（袖口用 8cm×2 條）
薄的魔術貼　0.4cm×3cm

製作方法

1. 衣服本體的領圍與貼邊表面和表面縫合。
2. 領圍剪出牙口，翻回表面，車縫壓線。
3. 在袖山抽出皺褶。
4. 袖口沿著完成線摺起來，疊放上蕾絲花邊縫好。
5. 在袖子裏面的鬆緊帶安裝位置，一邊將鬆緊帶拉引一邊車縫，完成後長度 2.5cm～2.8cm。
6. 衣服本體布的肩線和袖山的中心對齊，表面對表面將袖子安裝上去。
7. 縫合脇邊～袖下。
8. 下襬沿著完成線摺起來縫好。
9. 後開口摺起來，縫製固定魔術貼。

11cm 鑲條裙

材料

棉・格子布　17cm×6.5cm
10mm 寬蕾絲花邊　17cm
2mm 寬緞帶　34cm
薄的魔術貼　0.4cm×3cm

製作方法

1. 裙子的下襬沿著完成線摺起來，疊放上蕾絲花邊縫好。
2. 剪 2 條 17cm 的緞帶縫在裙子的安裝位置上。
3. 在腰部抽出皺褶，和腰帶表面對表面對齊車縫。
4. 腰帶的兩端摺進去，縫份沿著完成線從表面往裏側摺進去包一圈，在腰帶的表面接縫邊緣車縫壓線。
5. 後開口沿著完成線摺起來後縫製固定剪好的魔術貼。
6. 車縫後中心到止縫處。

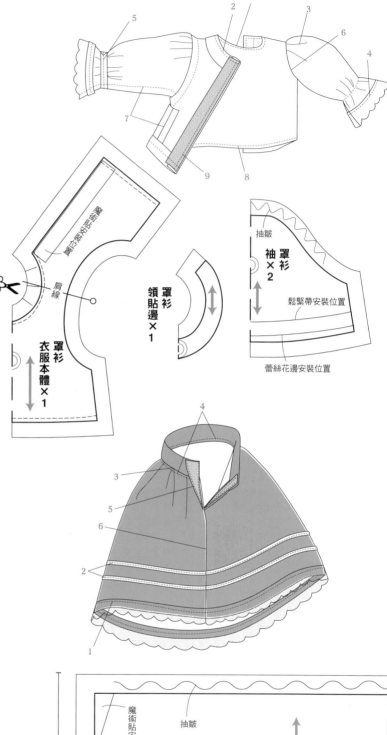

衣服本體對齊摺雙
肩線
罩衫 衣服本體 ×1
罩衫 領貼邊 ×1
抽皺
罩衫 袖 ×2
鬆緊帶安裝位置
蕾絲花邊安裝位置

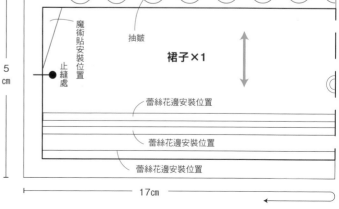

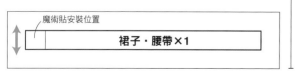

魔術貼安裝位置
裙子・腰帶×1

魔術貼安裝位置
抽皺
止縫處
裙子×1
蕾絲花邊安裝位置
蕾絲花邊安裝位置
蕾絲花邊安裝位置
5 cm
17cm

11cm 背心

材料

薄的棉布　25cm×10cm
直徑 4mm 鈕釦　4 顆
薄的魔術貼　0.4cm×3cm

製作方法

1. 領、袖的貼邊分別和衣服本體表面對表面縫合。
2. 在領圍、袖圍的縫份剪出牙口，翻回表面，車縫壓線。
3. 車縫兩脇邊，將縫份攤開。
4. 下襬沿著完成線摺起來縫好。
5. 後開口摺起來，縫製固定魔術貼。
6. 安裝鈕釦。

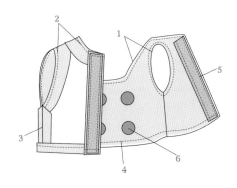

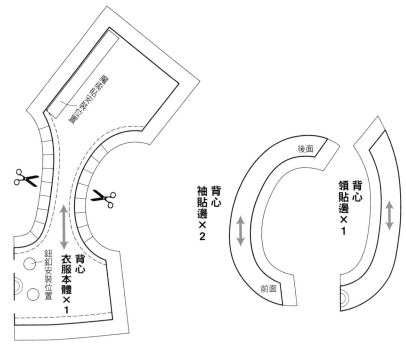

實物紙型在另一面

背心
衣服本體
×1

鈕釦安裝位置

背心
袖貼邊
×2

後面

前面

背心
領貼邊
×1

11cm 帶花蝴蝶結

材料

13mm 寬緞帶　12cm
花朵配件　1 個
鐵絲　6cm

製作方法

1. 將緞帶摺成左右兩翼均等的 2cm 長，在中央用線綁定（如圖）。
2. 在 1 的線上面固定好花朵配件。
3. 將緞帶的兩端修剪成三角形。
4. 鐵絲彎曲成波浪型，縫製固定在裏側的中心。

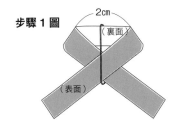

步驟 1 圖

2cm

（裏面）

（表面）

11cm 上衣

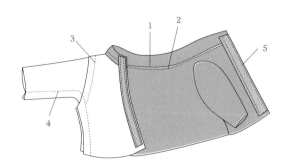

材料

搖粒絨　24cm×12cm
薄的魔術貼　0.5cm×4.5cm

製作方法

1. 衣服本體上與領子表面和表面對齊車縫。
2. 縫份往內側摺進去包一圈，在表面接縫邊緣車縫壓線。
3. 袖山與袖圍的肩線表面和表面對齊，將袖子縫在衣服本體上。
4. 脇邊～袖下表面對表面車縫。
5. 在後開口固定魔術貼。

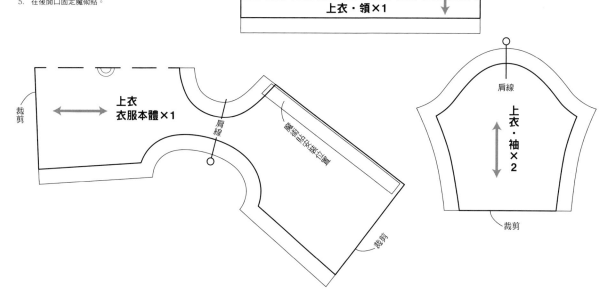

上衣・領×1

上衣
衣服本體×1

肩線

上衣・袖×2

肩線

裁剪

裁剪

裁剪

11cm 針織帽

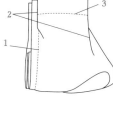

材料

羅紋針織布　10cm×4.5cm

製作方法

1. 帽口沿著完成線在表面摺起來之後，表面和表面對齊，在後中心車縫。
2. 後中心和前中心分別凹摺，將摺子疊好。
3. 縫製帽頂，翻回表面。

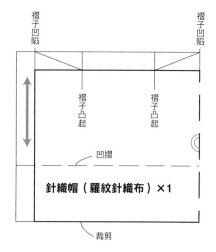

褶子凹陷　　　　　　　　　　褶子凹陷

褶子凸起　　　　　褶子凸起

凹摺

針織帽（羅紋針織布）×1

裁剪

11cm 褲子

材料

棉質青年布　30cm×10cm
薄的魔術貼　0.5cm×2cm

製作方法

1. 在褲子前片的袋口與口袋袋布表面和表面對齊車縫，剪出牙口，翻回表面，在袋口車縫壓線。

2. 和口袋墊布對齊，車縫口袋的袋底。

3. 前片褲襠以上部分表面和表面對齊車縫。

4. 縫份倒向褲子左片那側，在左前中心車縫裝飾線。

5. 車縫前、後的脇邊。

6. 縫份倒向褲子後片那側，在褲子後片的側邊車縫壓線。

7. 後口袋的上部摺起來，車縫兩道壓線，周圍摺起來壓平。

8. 將後口袋縫製固定在褲子後片上。

9. 下襬沿著完成線摺起來縫好。

10. 腰帶表面和表面對齊縫合。

11. 縫份摺進去包一圈，在腰帶的上下邊車縫壓線。

12. 在後開口固定魔術貼。

13. 後片褲襠以上部分表面對表面縫到止縫處，將縫份攤開。

14. 褲襠以下部分表面對表面車縫。

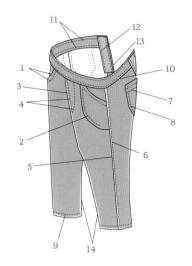

褲子・腰帶×1

魔術貼安裝位置

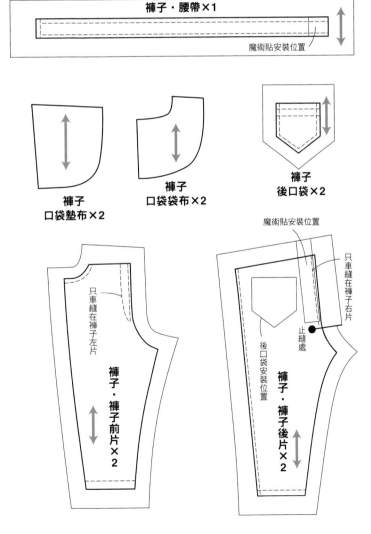

褲子
口袋墊布×2

褲子
口袋袋布×2

褲子
後口袋×2

魔術貼安裝位置

只車縫在褲子右片

止縫處

只車縫在褲子左片

褲子・褲子前片×2

後口袋安裝位置

褲子・褲子後片×2

OBITSU11 高筒襪

材料

薄的針織布　10cm×7cm

製作方法

1. 襪口摺起來縫好。
2. 後中心表面對表面車縫。
3. 2 的縫份修剪成 2mm 寬，翻回表面。
   ※因為厚度根據使用的布料而有所不同，請調整成
   適當的縫份寬度

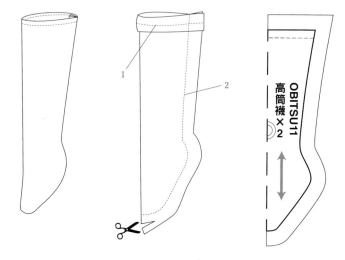

20cm 打褶 A 字連衣裙

材料

棉紗　50cm×20cm

17mm 寬蕾絲花邊　50cm
（領用 15cm、袖口用 5.5cm×2 條　下襬用 24cm）

直徑 5mm 暗釦　3 組

刺繡線　3 色 適量

製作方法

1. 在衣服本體前片縫製 5 個褶子，中央的褶子攤開，
   左右的褶子倒向外側壓平。

2. 在衣服本體後片縫製褶子，倒向中央那側。

3. 衣服本體前、後片表面和表面對齊，在肩部車縫，
   將縫份攤開。

4. 領圍與貼邊表面和表面對齊，後開口～領圍～後開
   口車縫一圈，領圍縫份剪出牙口，翻回表面，將形
   狀整理好。

5. 袖口沿著完成線摺起來縫好，將袖口用的蕾絲花邊
   縫在安裝位置上。

6. 在袖山抽出皺褶，衣服本體的肩線和袖山的中心對
   齊，表面對表面將袖子安裝上去。

7. 脇邊～袖表面和表面對齊車縫，剪出牙口，將脇邊
   縫份攤開。

8. 荷葉邊的下襬沿著完成線摺起來縫好。

9. 荷葉邊抽出皺褶，和裙子的下襬表面對表面車縫。

10. 9 的縫份倒向裙子那側，將蕾絲花邊縫製在裙子的
    蕾絲花邊安裝位置。

11. 後開口沿著完成線摺起來，在 5mm 寬處車縫。

12. 抽皺的領用蕾絲花邊縫製在領圍上。

13. 在蕾絲花邊領和衣服前片對齊的前中心，參考圖案
    刺繡。
    ※刺繡時請不要讓線跡出現在貼邊的裏側。

14. 在後開口 3 處安裝暗釦。

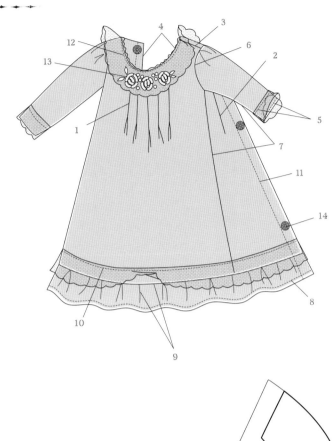

20cm

刺繡圖案

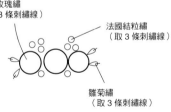

蛛網玫瑰繡
（取 3 條刺繡線）

法國結粒繡
（取 3 條刺繡線）

雛菊繡
（取 3 條刺繡線）

貼邊×1

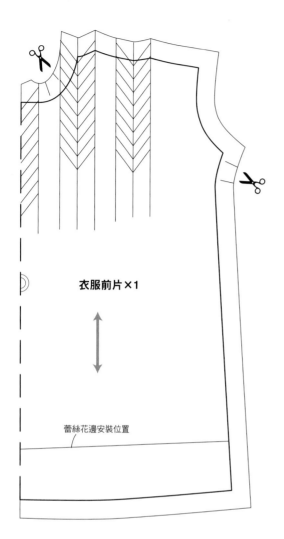

衣服前片×1

蕾絲花邊安裝位置

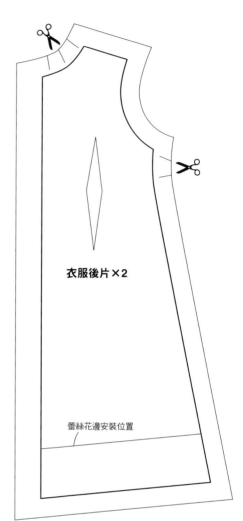

衣服後片×2

蕾絲花邊安裝位置

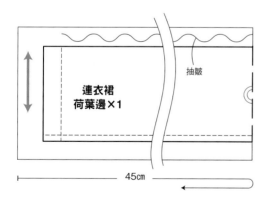

連衣裙
荷葉邊×1

抽皺

45cm

抽皺

袖×2

蕾絲花邊安裝位置

20cm 圍裙

材料

平織棉布　12cm×8cm
25mm 寬蕾絲花邊（下襬用）　12cm
8mm 寬蕾絲花邊（後蝴蝶結用）　15cm×2 條
4mm 寬緞帶（前面裝飾用）　12cm×2 條

製作方法

1. 圍裙的下襬沿著完成線摺起來縫好。

2. 將下襬用蕾絲花邊縫製在安裝位置上。

3. 兩端沿著完成線摺起來縫好。

4. 圍裙的上部抽出皺褶，和腰帶縫合。

5. 腰帶的兩端沿著完成線摺起來，後蝴蝶結用蕾絲花邊寬度對摺之後夾在腰帶之中，縫份沿著完成線摺起來包一圈，從表面車縫壓線。

6. 前面裝飾用的緞帶打成蝴蝶結，用布用黏合劑黏貼。

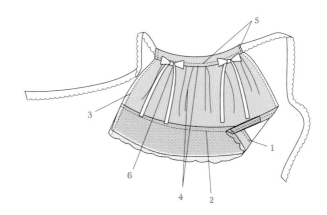

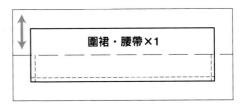

圍裙・腰帶×1

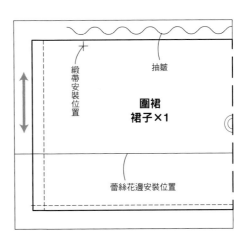

緞帶安裝位置

抽皺

圍裙
裙子×1

蕾絲花邊安裝位置

20cm 睡衣上衣

材料

棉紗‧格子布　30cm×15cm
棉紗‧白布（領用、門襟用、貼邊用）　15cm×15cm
3mm 扁平鬆緊帶　10cm（袖口用 5cm×2 條）
8mm 寬蕾絲花邊　42cm
（門襟用 4cm×2 條、上衣下襬用 20cm、袖口用 7cm×2 條）
名牌標籤　1 片
直徑 5mm 暗釦　3 組

製作方法

1. 將門襟沿著完成線摺起來，蕾絲花邊疊在門襟之下，縫製固定在育克前中心。
2. 左右領分別表面對表面車縫周圍，翻回表面壓平。
3. 將領子夾在領圍和貼邊之間，暫時固定住，從後開口開始縫合。
4. 領圍的縫份剪出牙口，將貼邊翻過去。
5. 在袖山抽出皺褶。
6. 袖口沿著完成線摺起來，縫上蕾絲花邊。
7. 將鬆緊帶一邊拉引，一邊車縫在袖口的裏面。
8. 肩育克的肩線與袖山的中心表面和表面對齊，將袖子安裝上去。
9. 袖～脇邊表面和表面對齊車縫，翻回表面。
10. 衣服本體的下襬沿著完成線摺起來，縫上蕾絲花邊。
11. 在衣服本體的上部抽出皺褶。
12. 肩育克的前中心和衣服本體的前中心表面對表面對齊縫合。
13. 後開口沿著完成線摺起來，在內側 5mm 處車縫。
14. 名牌標籤用布用黏合劑黏貼在衣服本體前片的門襟之下。
15. 在後開口安裝暗釦。

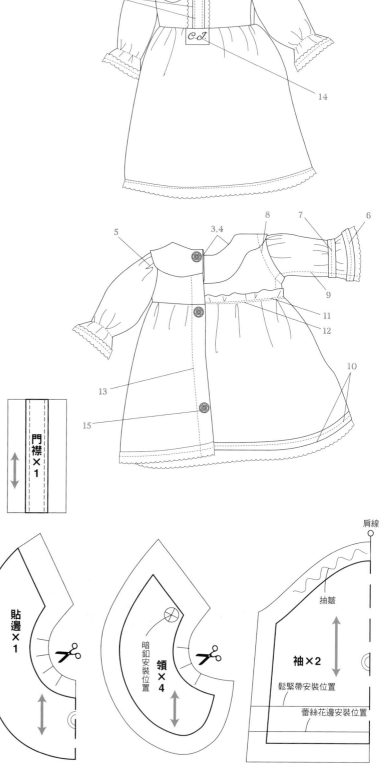

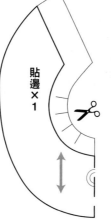

門襟×1

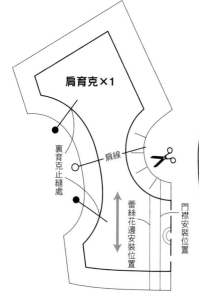

肩育克×1

裏育克止縫處
肩線
蕾絲花邊安裝位置
門襟安裝位置

貼邊×1

領×4
暗釦安裝位置

肩線
抽皺
袖×2
鬆緊帶安裝位置
蕾絲花邊安裝位置

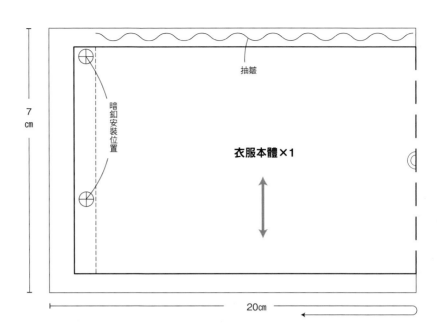

抽皺

衣服本體×1

暗釦安裝位置

7cm

20cm

20cm

20cm 睡衣褲子

材料

棉紗・格子布　22cm×12cm
3mm 扁平鬆緊帶　20cm（下襬用 6cm×2 條、腰部用 8cm）
8mm 寬蕾絲花邊　16cm（下襬用 8cm×2 條）

製作方法

1. 下襬沿著完成線摺起來，縫上蕾絲花邊。
2. 將鬆緊帶一邊拉引，一邊車縫在下襬裏面。
3. 前片褲襠以上部分表面對表面車縫，將縫份攤開。
4. 腰部摺起來穿過鬆緊帶車縫，在穿過中間的鬆緊帶 7cm 處固定。
5. 後片褲襠以上部分表面和表面對齊車縫。
6. 褲襠以下部分表面對表面車縫。

穿過鬆緊帶

前面　　　　　　　　　　　　　後面

褲子×2

鬆緊帶安裝位置

蕾絲花邊安裝位置

20cm 燈芯絨短外套

材料

薄的燈芯絨（表布） 20cm×20cm
薄的花紋棉布（裏布） 20cm×20cm
5mm 寬編織帶 16cm
緞帶（胸前裝飾用） 10cm
叉子和湯匙形狀的飾品 1個
蕾絲花樣 1片
直徑 4mm 鈕釦 6顆

製作方法

1. 表布的衣服本體前、後片和袖表面對表面縫合，將縫份攤開壓平。

2. 裏布的衣服本體前、後片和袖表面對表面縫合，將縫份攤開壓平。

3. 1、2 表面和表面對齊，車縫前中心～領圍～前中心，將縫份剪牙口。

4. 表、裏袖口表面對表面車縫，將縫份攤開壓平。

5. 將衣服本體前片穿過表、裏袖之間，表袖和衣服本體表布、裏袖和衣服本體裏布分別表面對表面重疊，縫製袖下～脅邊，在袖圍下方剪出牙口。（如圖）

6. 下襬預留返口，表面對表面車縫。

7. 翻回表面，用錐子等工具將門襟的邊角推出，將形狀整理好，壓平。

8. 將返口縫起來。

9. 緞帶打成蝴蝶結，縫製固定在左胸，飾品也縫製固定好。

10. 用布用黏合劑將蕾絲花樣黏貼在衣服本體右片，編織帶黏貼在下襬的安裝位置。

11. 在左右的前開口安裝鈕釦。

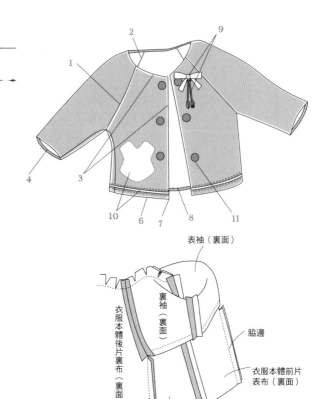

表袖（裏面）

衣服本體後片裏布（裏面）
裏袖（裏面）
脅邊
衣服本體前片表布（裏面）
前中心
脅邊
衣服本體前片裏布（裏面）

5

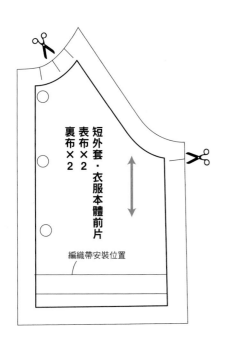

短外套・衣服本體前片
表布×2
裏布×2

編織帶安裝位置

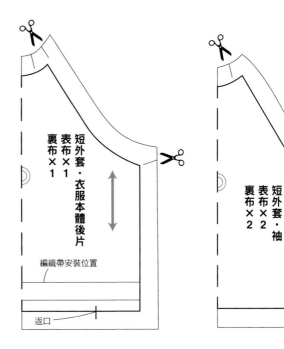

短外套・衣服本體後片
表布×1
裏布×1

編織帶安裝位置

返口

短外套・袖
表布×2
裏布×2

20cm 罩衫

材料

棉紗　25cm×20cm
1cm 寬蕾絲花邊　35cm
（門襟用 12cm、袖口用 11cm×2 條）
2mm 珠子（玻璃珠）　5 顆
魔術貼　0.5cm×6cm

製作方法

1. 剪一段 12cm 門襟用的蕾絲花邊，在中央抽出皺褶，縫製在前中心。
2. 衣服本體前、後片表面和表面對齊，在肩部車縫。
3. 領圍與貼邊表面和表面對齊，車縫領圍，縫份剪出牙口，翻回表面。
4. 剪 2 條 11cm 長的蕾絲花邊，分別在中央抽出皺褶，車縫在左右的袖口。
5. 在袖山抽出皺褶。
6. 衣服本體的肩線和袖山的中心對齊，表面對表面將袖子安裝上去。
7. 車縫脇邊～袖下。
8. 下襬沿著完成線摺起來縫好。
9. 在後開口固定魔術貼。
10. 固定珠子。

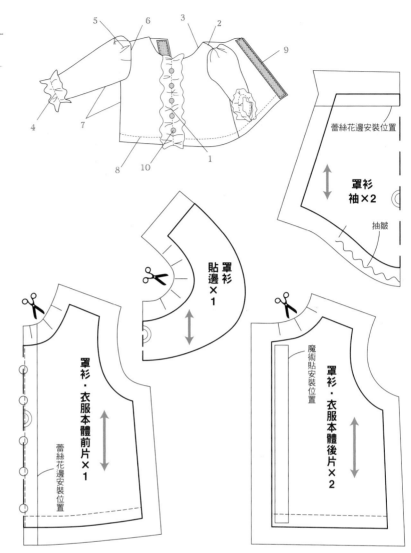

蕾絲花邊安裝位置

罩衫
袖×2

抽皺

罩衫
貼邊
×1

罩衫・衣服本體前片×1

蕾絲花邊安裝位置

魔術貼安裝位置

罩衫・衣服本體後片×2

20cm 6 片接合貝雷帽

材料

厚的棉質粗花呢（表布用）　14cm×14cm
格紋棉布（裏布用）　14cm×14cm
羊羔絨（毛球用）　5cm×5cm
填入的棉花　適量

製作方法

1. 帽頂的表、裏分別表面對表面縫合 3 片。
2. 表、裏分別表面對表面在中心線縫合。
3. 表布和裏布表面對表面在帽口的周圍縫合，預留 4～5cm 返口。
4. 翻回表面，將返口縫起來。
5. 將毛球平縫，填入棉花，縫份往內側塞入，將線拉緊，縮口縫起來。
6. 在帽頂的中心縫製固定毛球。

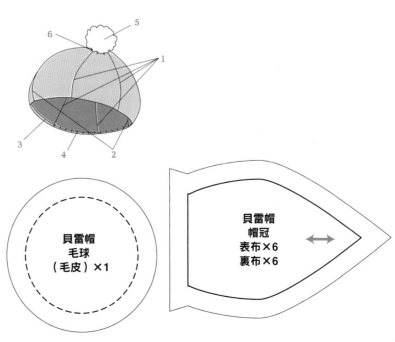

貝雷帽
毛球
（毛皮）×1

貝雷帽
帽冠
表布×6
裏布×6

20cm 七分褲

材料

條紋棉布　11cm×19cm
1cm 寬打褶蕾絲花邊　14cm（下襬用 7cm×2 條）
直徑 4mm 鈕釦　2 顆
暗鉤　1 個

製作方法

1. 褲子前片褲襠以上部分車縫，將縫份攤開。

2. 褲子前、後片的脇邊縫合，縫份倒向褲子後片那側。

3. 褲子下襬沿著完成線摺起來，打褶蕾絲花邊疊放在下方，從表面車縫壓線。

4. 後片褲襠以上部分沿著完成線摺起來車縫。

5. 在褲子腰部和腰帶表面對表面縫合。

6. 5 的縫份沿著完成線摺進去包一圈，從腰帶的表面邊緣車縫壓線。

7. 縫合褲襠以下部分。

8. 在腰帶重疊 5mm 處固定暗鉤和線環。

9. 在腰帶的正面 2 處安裝裝飾用鈕釦。

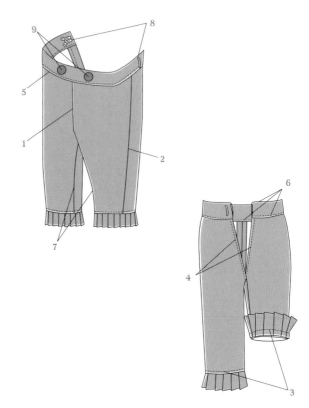

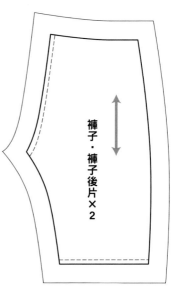

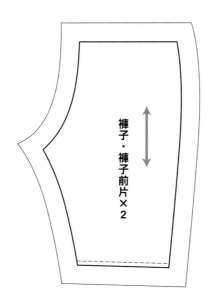

褲子・褲子前片×2

褲子・褲子後片×2

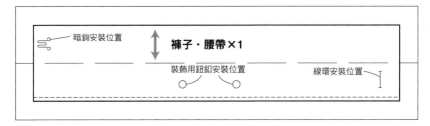

暗鉤安裝位置

褲子・腰帶×1

裝飾用鈕釦安裝位置

線環安裝位置

20cm 斗篷

材料

亞麻布　40cm×25cm
條紋棉布（衣服本體裏布用）　22cm×12cm
花朵花樣　10 片
1.5mm 珠子　50 顆
直徑 5mm 暗釦　1 組

製作方法

1. 兜帽布表面對表面從帽頂摺起來，內側和外側的後中心分別縫起來。

2. 將縫份攤開翻回表面，沿著帽口線摺起來，將內側兜帽放入外側兜帽裏，內側的領圍沿著完成線摺起來壓平。

3. 衣服本體表、裏布表面和表面對齊，車縫前中心～下襬～前中心。

4. 從預留未縫的領圍翻回表面，用錐子等工具推出邊角，將形狀整理好。

5. 外側兜帽的領圍和衣服本體表布的領圍表面對表面縫合。

6. 5 的縫份倒向兜帽那側，內側兜帽的領圍縫在衣服本體裏布的領圍上。

7. 在前開口安裝暗釦。

8. 在衣服本體前片的左右用布用黏合劑分別黏貼 5 片花朵花樣。

9. 在花朵花樣的 5 個花瓣之間縫製固定珠子。

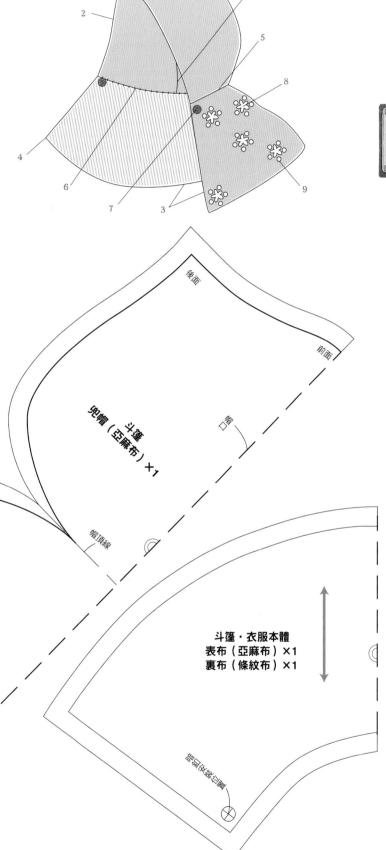

20cm

兜帽（斗篷）（亞麻布）×1

斗篷・衣服本體
表布（亞麻布）×1
裏布（條紋布）×1

後面　前面　帽頂線　口

20cm 附圍裙的連衣裙

材料

印花棉布　30cm×20cm
棉紗・白色（衣服本體裏布用）　13cm×10cm
13mm 寬棉質抽皺蕾絲花邊（下襬用）　25cm
8mm 寬蕾絲花邊　40cm（下襬用24cm、領圍用 16cm）
直徑 5mm暗釦　3 組
已燙印好的布（圍裙用）　5.2cm×4.8cm
7mm 寬絲絨緞帶（圍裙用）　7.5cm

製作方法

1. 衣服本體表布與衣服本體裏布表面和表面對齊，後開口～領圍～後開口車縫一圈，領圍剪出牙口，翻回表面，將形狀整理好。

2. 在袖山和袖口抽出皺褶。

3. 袖口布和袖子口在裏側縫合，表側的縫份沿著完成線摺進去包一圈，車縫壓線。

4. 衣服本體表布的肩線和袖山的中心對齊，表面對表面將袖子安裝上去。

5. 衣服本體表布和衣服本體裏布的袖圍是衣服本體表布那側的袖子和接縫以上部分重疊一起縫，車縫到衣服本體裏布的止縫處為止。

6. 僅縫合衣服本體表布的脇邊～袖為止，翻回表面，將脇邊縫份攤開。

7. 衣服本體裏布的脇邊表面和表面對齊縫合，將縫份攤開。

8. 裙子的下襬沿著完成線摺起來，在下方疊放抽皺蕾絲花邊，從表面車縫壓線。

9. 縫份倒向裙子那側，下襬用蕾絲花邊縫在安裝位置上。

10. 從裙子的後開口到荷葉邊的下襬沿著完成線摺起來，在內側 5mm 處車縫。

11. 在裙子的腰部抽出皺褶，與衣服本體表布的腰部表面和表面對齊縫合。

12. 衣服本體裏布的腰部沿著完成線摺起來，縫在裙子的裏面。

13. 在領圍縫上領圍用蕾絲花邊。

14. 在連衣裙的腰線縫上圍裙用布。

15. 將絲絨緞帶沿著前腰部縫製固定在兩端。

16. 在後開口 3 處安裝暗釦。

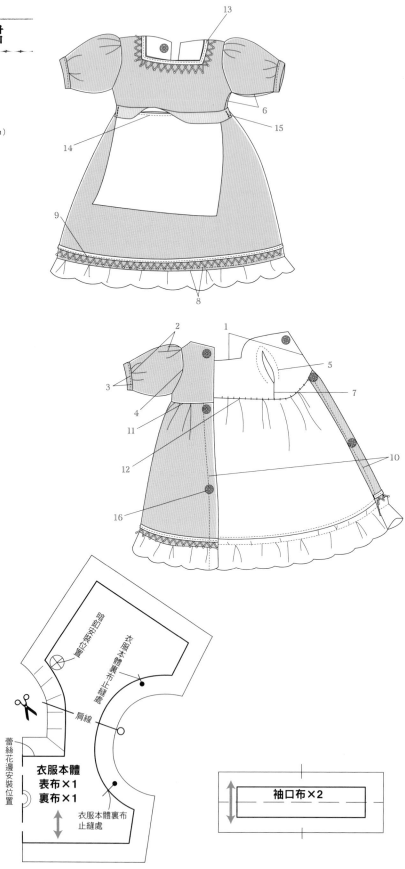

20cm 耳罩

材料

10mm 寬緹花緞帶　9cm
3mm 扁平鬆緊帶　4.5cm
羊羔絨　3.5cm×7cm

製作方法

1. 緹花緞帶的兩端各摺起 5mm，分別在裏側疊上鬆緊帶的兩端車縫成圓圈狀。

2. 將羊羔絨的縫線平縫拉緊，縫份往內側塞入，縫製固定。

3. 耳罩固定在 1 的兩端。

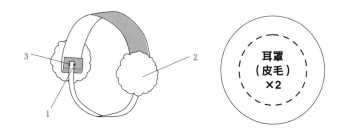

耳罩
（皮毛）
×2

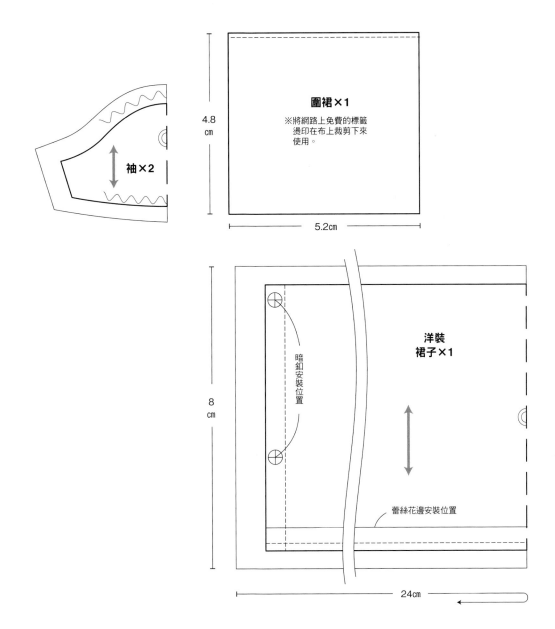

袖×2

圍裙×1
※將網路上免費的標籤燙印在布上裁剪下來使用。

4.8 cm

5.2cm

洋裝
裙子×1

暗釦安裝位置

蕾絲花邊安裝位置

8 cm

24cm

Tiny Betsy McCall 高筒襪

材料

薄的針織布　15cm×10cm

製作方法（共通）

1. 襪口摺起來縫好。
2. 將後中心表面對表面車縫。
3. 將2的縫份修剪成2mm寬，翻回表面。
   ※因為厚度根據使用的布料而有所不同，請調整成
   適當的縫份寬度。

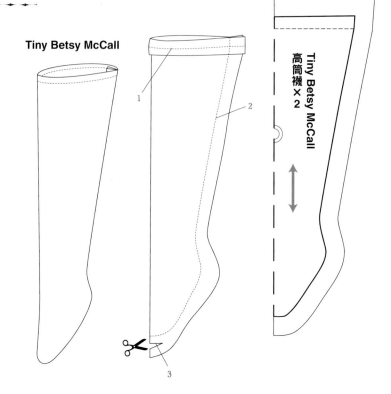

Tiny Betsy McCall

Tiny Betsy McCall
高筒襪×2

ruruko 高筒襪

材料

薄的針織布　15cm×11cm

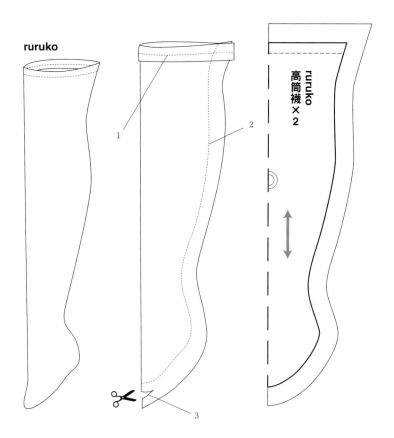

ruruko

ruruko
高筒襪×2

22cm 立領連衣裙

材料

棉質圓點剪花條紋布　40cm×30cm
薄的棉布・白布（衣服本體裏布用）　16cm×13cm
條紋棉布（胸墊布用、袖口布用）　20cm×7cm
15mm 寬蕾絲花邊（下襬用）　30cm
2mm 寬緞面緞帶　60cm（下襬用 30cm×2 條）
編織帶（胸墊布用）　11cm
5mm 寬皮革三股編繩（腰帶用）　13cm
人偶用皮帶扣　1 個
2mm 珠子　6 顆
直徑 5mm 暗釦　3 組
直徑 10mm 花朵花樣　5 片
刺繡線 3 色　適量

製作方法

1. 將表布的衣服本體前、後片的褶子縫好。

2. 裏布的衣服本體前、後片的褶子也縫好。

3. 在胸墊布的中央固定花朵花樣和刺繡。

4. 將 3 除領圍之外沿著完成線摺起來，疊在衣服本體前片車縫壓線，固定編織帶。

5. 表布的肩部表面和表面對齊車縫。

6. 領子表面對表面車縫後中心和上邊，翻回表面壓平。

7. 領子和衣服本體表布的領圍對齊，將領子粗縫暫時固定。

8. 將衣服本體表、裏布對齊，縫合後開口～領圍～後開口。

9. 在領圍剪出牙口，翻回表面。

10. 在袖口和袖山抽出皺褶。

11. 袖口布和袖口表面對表面車縫，沿著完成線摺起來，裏側的縫份也摺起來，從表面車縫壓線，固定珠子。

12. 衣服本體表布的肩線和袖山的中心對齊，表面對表面將袖子安裝上去。

13. 衣服本體表布和衣服本體裏布的袖圍是衣服本體表布那側的袖子和接縫以上部分重疊一起縫，車縫到衣服本體裏布的止縫處為止。

14. 僅縫合衣服本體表布的脇邊～袖為止，翻回表面，將脇邊縫份攤開。

15. 衣服本體裏布的脇邊表面和表面對齊車縫，將縫份攤開。

16. 裙子的下襬沿著完成線摺起來，縫上蕾絲花邊，2 條緞帶縫在下襬的安裝位置。

17. 裙子的後開口沿著完成線摺起來，在內側 5mm 處車縫。

18. 在裙子的腰部抽出皺褶，與衣服本體表布腰部表面和表面對齊縫合。

19. 衣服本體裏布的腰部沿著完成線摺起來，縫在裙子的裏面。

20. 皮帶扣穿過腰帶用三股編繩，兩端縫製固定在衣服本體後片。

21. 在後開口 3 處安裝暗釦。

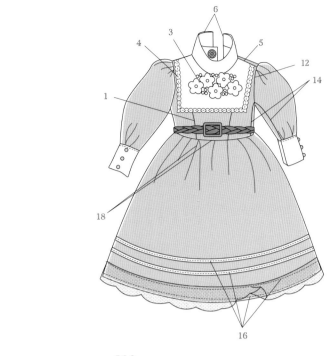

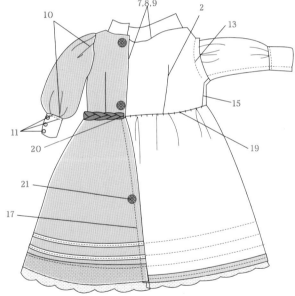

刺繡圖案

法國結粒繡
（取 3 條刺繡線）

蕾絲花樣

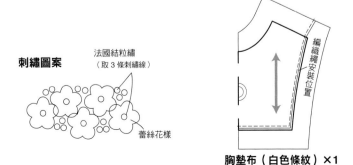

編織繩安裝位置

胸墊布（白色條紋）×1

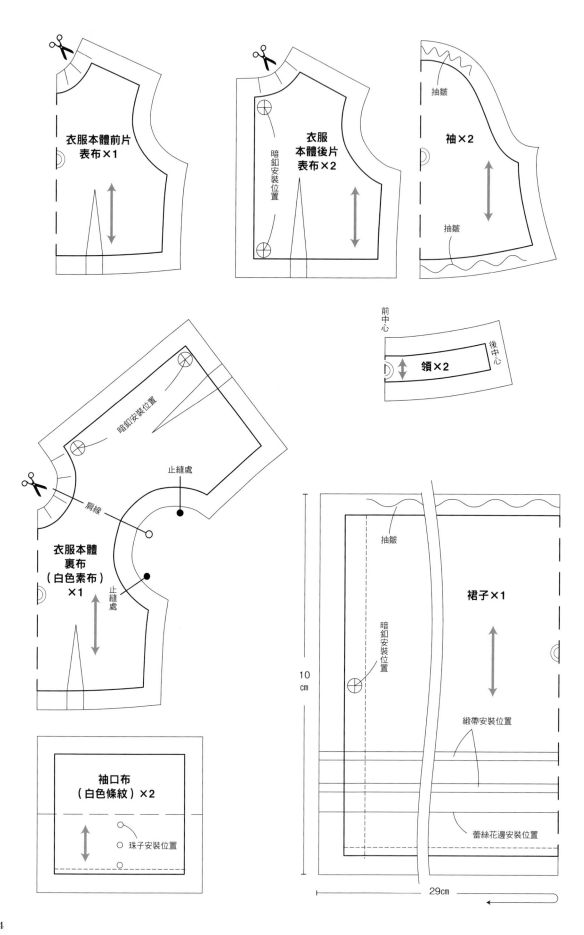

衣服本體前片
表布×1

衣服
本體後片
表布×2

暗釦安裝位置

袖×2

抽皺

抽皺

前中心

領×2

後中心

暗釦安裝位置

止縫處

肩線

衣服本體
裏布
（白色素布）
×1

止縫處

抽皺

裙子×1

暗釦安裝位置

10
cm

緞帶安裝位置

蕾絲花邊安裝位置

袖口布
（白色條紋）×2

珠子安裝位置

29cm

22cm 無袖睡衣

材料

棉質蕾絲布　30cm×15cm

棉紗・白色素布（衣服本體貼邊用）　14cm×10cm

12mm 寬蕾絲花邊（下襬用）　28cm

12mm 寬梯形蕾絲花邊（門襟用）　4.5cm

4mm 寬絲質緞帶　20cm
（門襟用 4.5cm 蝴蝶結用 15cm）

直徑 5mm 暗釦　2 組

製作方法

1. 緞帶和梯形蕾絲花邊重疊，讓緞帶顯露出來，暫時固定在肩育克片的前中心，在梯形蕾絲花邊的兩側車縫。

2. 在衣服本體前片抽出皺褶，與肩育克前片表面和表面對齊縫合，縫份倒向育克那側，車縫壓線。

3. 在衣服本體後片抽出皺褶，和肩育克後片表面對表面對齊縫合，縫份倒向育克那側，車縫壓線。

4. 肩育克前、後片表面和表面對齊在肩部縫合。

5. 4 與衣服本體貼邊表面和表面對齊，縫合後開口到領圍、兩袖圍。

6. 貼邊的脇邊～衣服本體下襬表面和表面對齊，接下來車縫脇邊，將縫份攤開。

7. 下襬沿著完成線摺起來，在上方疊上蕾絲花邊車縫。

8. 衣服本體的後開口沿著完成線摺起來，從領圍到下襬在後開口車縫。

9. 打好蝴蝶結的緞帶在前面裝飾處固定好。

10. 在後開口 2 處安裝暗釦。

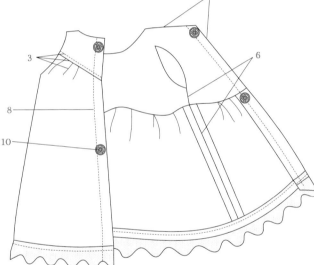

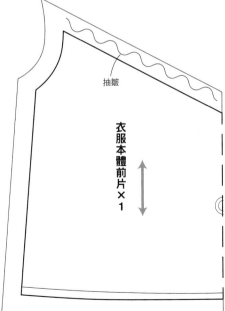

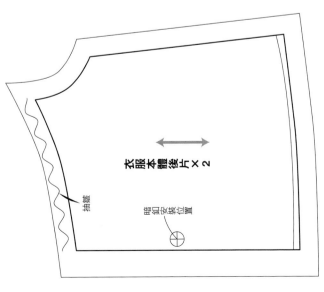

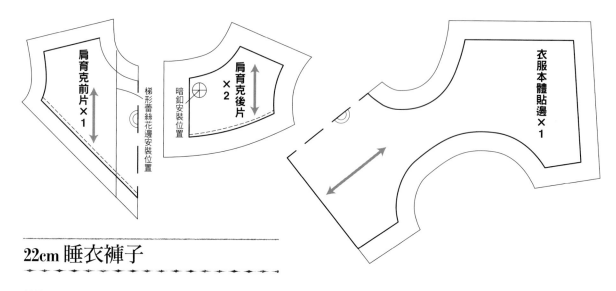

22cm 睡衣褲子

材料

棉質蕾絲布 24cm×15cm
12mm 寬蕾絲花邊 18cm（褲子下襬用 9cm×2 條）
12mm 寬梯形蕾絲花邊 18cm（褲子下襬用 9cm×2 條）
4mm 寬絲質緞帶 40cm（褲子下襬用 9cm×2 條、蝴蝶結用 10cm×2 條）
3mm 寬扁平鬆緊帶 12cm

製作方法

1. 下襬沿著完成線摺起來，蕾絲花邊疊放在上面車縫。

2. 緞帶和梯形蕾絲花邊重疊，讓緞帶顯露出來，暫時固定在下襬，在梯形蕾絲花邊的兩側車縫。

3. 緞帶打成蝴蝶結，縫製固定在安裝位置。

4. 褲子前片褲襠以上部分表面和表面對齊縫合。

5. 腰部沿著完成線摺起來，車縫。

6. 在上部起 2mm 處車縫做為穿鬆緊帶用。

7. 穿過鬆緊帶，收縮成 9cm 左右，縫製固定。

8. 褲子後片褲襠以上表面和表面對齊車縫。

9. 車縫褲襠以下部分。

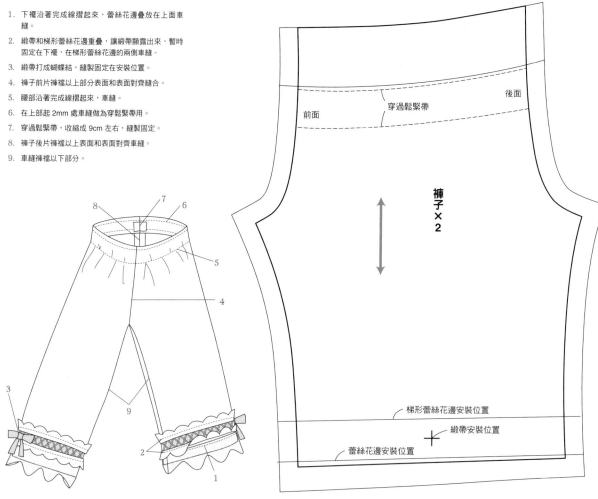

22cm 圍裙

材料

棉紗　30cm×15cm
14mm 寬蕾絲花邊 A（裙子①下襬用）　30cm
13mm 寬蕾絲花邊 B（裙子②下襬用）　30cm
13mm 寬蕾絲花邊 C（後蝴蝶結用）　17cm×2 條
9mm 寬蕾絲花邊 D　24cm
（肩帶用 9cm×2 條、胸上部裝飾用 4.5cm）
蕾絲花樣（使用對角線 8cm 的菱形花樣）　1 片
5mm 寬緞帶（前面裝飾用）　24cm×2 條
飾品　1 個

製作方法

1. 裙子①的下襬沿著完成線摺起來，從表面車縫蕾絲花邊 A 在下襬。

2. 裙子②的沿著完成線摺起來壓平，從表面車縫蕾絲花邊 B 在下襬。

3. 將裙子①的蕾絲花邊 A 下邊車縫在裙子②的上端。

4. 3 的裙子布兩端沿著完成線摺起來，在內側 5mm 處車縫壓線。

5. 在裙子的前中心車縫蕾絲花樣的周圍，將裏側的裙子布剪除，讓鏤空蕾絲顯露出來。
   ※請依據使用的蕾絲花樣來調整裁剪線。

6. 胸墊布表面和表面對齊，車縫兩脇邊和上邊，翻回表面。

7. 在胸墊布的表側縫上 2 條肩帶用蕾絲花邊 D。

8. 將胸上部裝飾用的蕾絲花邊 D，兩端沿著完成線摺起來，和胸墊布的上邊對齊車縫。

9. 在裙子①的腰部抽出皺褶。

10. 將腰帶的表、裏布兩端和上邊都沿著完成線摺起來壓平，裙子的腰部表面對表面夾在中間，縫合下邊。

11. 肩帶、寬度摺半的後蝴蝶結用的蕾絲花邊 C 和胸墊布夾在腰帶的中間，從兩端和上邊車縫壓線。

12. 前面裝飾用的緞帶分別打成蝴蝶結，固定在蝴蝶結安裝位置。

13. 將飾品縫在右側的前面裝飾用緞帶的蝴蝶結上。

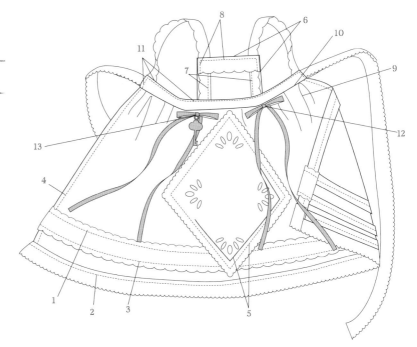

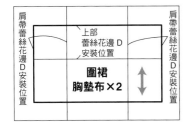

圍裙 裙子①×1
蕾絲花樣安裝位置
裁剪線
蕾絲花邊 A 安裝位置

圍裙 裙子②×1
蕾絲花樣安裝位置
蕾絲花邊 A 安裝位置
蕾絲花邊 B 安裝位置

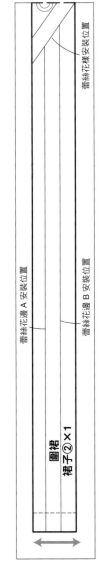

肩帶蕾絲花邊 D 安裝位置
上部蕾絲花邊 D 安裝位置
肩帶蕾絲花邊 D 安裝位置
圍裙 胸墊布×2

肩帶蕾絲花邊 D 安裝位置
圍裙 腰帶×2

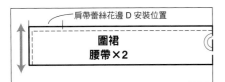
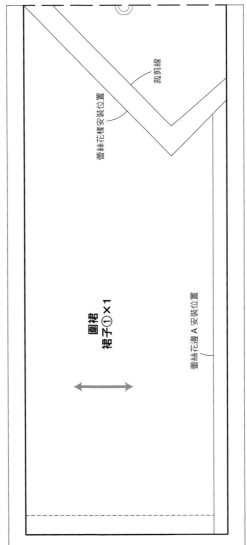

22cm 蕾絲花邊領連衣裙

材料

棉紗・藍色　70cm×14cm
棉紗・白色（衣服本體裏布用）　14cm×10cm
13mm 寬黎芭蕾絲花邊　46cm（領用 26cm、袖口用 10cm×2 條）
25mm 寬蕾絲花邊（胸部裝飾用）　8cm
直徑 5mm 暗釦　3 組
3mm 寬扁平鬆緊帶　11cm

製作方法

1. 胸部裝飾用的蕾絲花邊放置在衣服本體前片上，在縫份處暫時固定住。
2. 袖口沿著完成線摺起來，將袖口用蕾絲花邊放在表面那側，從表面車縫壓線。
3. 在袖子裏面的鬆緊帶安裝位置，一邊將鬆緊帶拉引一邊車縫，完成後長度約 4cm。
4. 在袖山抽出皺褶。
5. 衣服本體表布的肩線和袖山的中心對齊，表面對表面將袖子安裝上去。
6. 衣服本體表布、衣服本體裏布表面和表面對齊，從後開口～領圍～後開口車縫一圈，在領圍剪出牙口，翻回表面，將形狀整理好。
7. 衣服本體表布和衣服本體裏布的袖圍是衣服本體表布那側的袖子和接縫以上部分重疊一起縫，車縫到衣服本體裏布的止縫處為止。
8. 僅縫合衣服本體表布的脇邊～袖為止，翻回表面，將脇邊縫份攤開。
9. 衣服本體裏布的脇邊表面和表面對齊縫合，將縫份攤開。
10. 將荷葉邊沿著完成線摺起來車縫。
11. 在荷葉邊的上部抽出皺褶，和裙子下襬表面對表面縫合。
12. 縫份倒向裙子那側，從表面車縫壓線。
13. 裙子的後開口沿著完成線摺起來，在內側 5mm 處車縫。
14. 在裙子的腰部抽出皺褶，與衣服本體表布腰部表面和表面對齊縫合。
15. 將兩端沿著完成線摺起來平縫好的領用蕾絲花邊，平均地縫在領圍上。
16. 衣服本體裏布的腰部沿著完成線摺起來，縫在裙子的裏面。
17. 在後開口 3 處安裝暗釦。

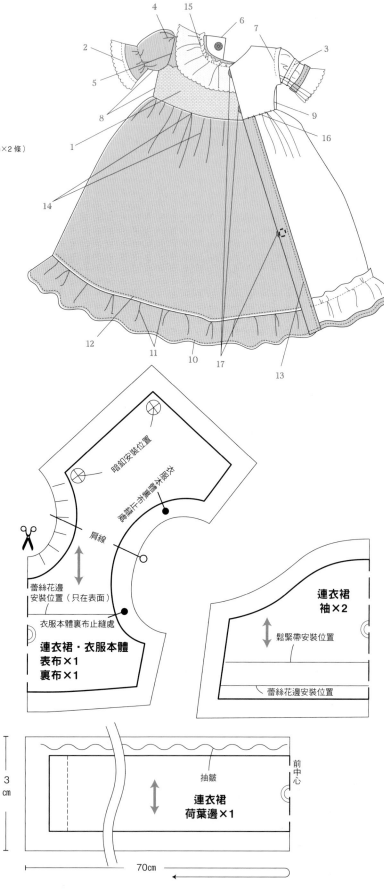

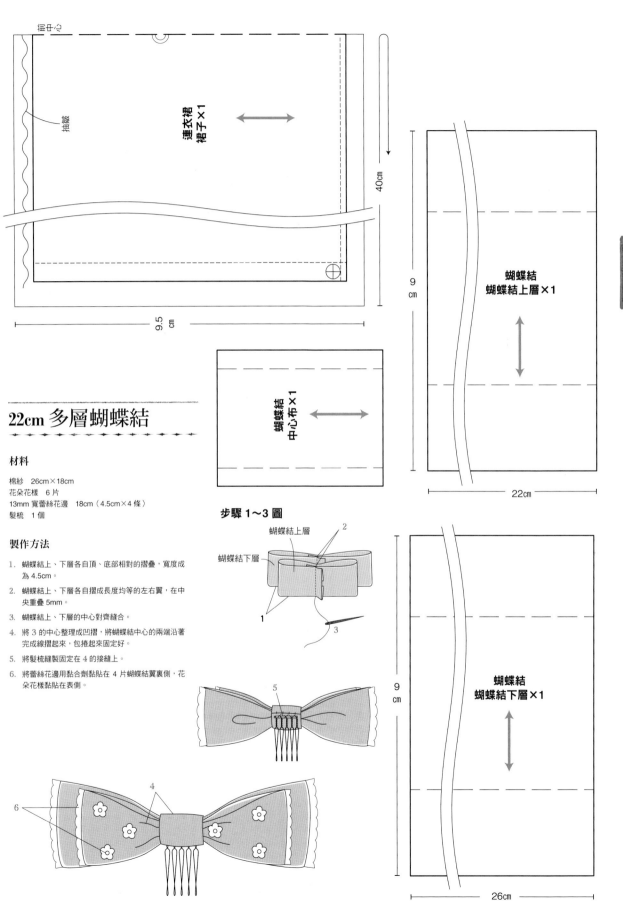

連衣裙
裙子×1

40cm

9.5 cm

抽縐

蝴蝶結
蝴蝶結上層×1

9 cm

22cm

22cm

蝴蝶結
中心布×1

22cm 多層蝴蝶結

材料

棉紗　26cm×18cm
花朵花樣　6 片。
13mm 寬蕾絲花邊　18cm（4.5cm×4 條）
髮梳　1 個

製作方法

1. 蝴蝶結上、下層各自頂、底部相對的摺疊，寬度成為 4.5cm。

2. 蝴蝶結上、下層各自摺成長度均等的左右翼，在中央重疊 5mm。

3. 蝴蝶結上、下層的中心對齊縫合。

4. 將 3 的中心整理成凹摺，將蝴蝶結中心的兩端沿著完成線摺起來，包捲起來固定好。

5. 將髮梳縫製固定在 4 的接縫上。

6. 將蕾絲花邊用黏合劑黏貼在 4 片蝴蝶結翼裏側，花朵花樣黏貼在表側。

步驟 1～3 圖

蝴蝶結上層
蝴蝶結下層

蝴蝶結
蝴蝶結下層×1

9 cm

26cm

22cm 馬甲

材料

棉質巴里紗　31cm×10cm
5mm 寬蕾絲花邊　13cm
5mm 寬編織帶　13cm
直徑 3mm 珍珠　6 顆
4mm 寬絲質緞帶　15cm（7.5cm×2 條）

製作方法

1. 縫製馬甲表、裏布的褶子。
2. 馬甲表、裏布表面和表面對齊，縫製後開口～上邊，翻回表面。
3. 荷葉邊的兩端表面對表面車縫，翻回表面。
4. 在荷葉邊上部抽出皺褶。
5. 馬甲下襬的表布和抽皺的荷葉邊布表面對表面縫合。
6. 將 5 的縫份倒向馬甲那側，縫在馬甲的裏布的腰圍部份。
7. 在腰部周圍縫製固定編織帶。
8. 在馬甲前方縫製固定珍珠和打成蝴蝶結的緞帶。

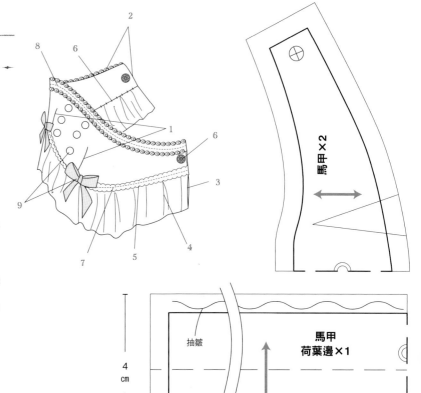

22cm 蕾絲花邊頭飾

材料

細棉布　22.5cm×10cm
4cm 寬蕾絲花邊　22.5cm
35mm 寬網紗蕾絲花邊　52cm
15mm 寬緞帶　50cm（25cm×2 條）
蕾絲花樣　1 片
名牌標籤　1 片
個人喜好的花朵花樣、珍珠等　適量

製作方法

1. 頭飾的頂、底部表面對表面縫合，將縫份攤開，將接縫移到中央壓平，翻回表面。。
2. 將蕾絲花邊縫在安裝位置上。
3. 將頭飾的兩端沿著完成線往裏側摺，緞帶縫製固定在裏面。
4. 頭飾的邊角往裏側摺進去縫起來。
5. 網紗蕾絲花邊抽出皺褶，縫在頭飾上。
6. 將蕾絲花樣縫在頭飾的左邊，在周圍加裝個人喜好的花朵和珍珠、名牌標籤等做裝飾。

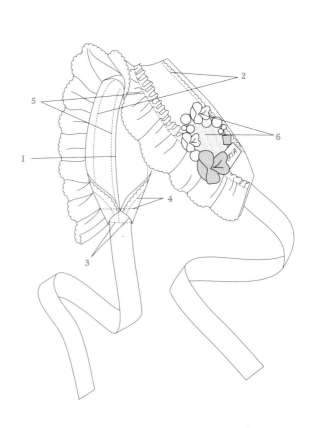

22cm 心型領連衣裙

材料

起皺加工棉紗　45cm×22cm
棉紗・白色（衣服本體裏布用）　15cm×12cm
軟網紗　55cm×25cm
3mm 扁平鬆緊帶　11cm（袖用 5.5cm×2 條）
10mm 寬蕾絲花邊（袖口用）　20cm（10cm×2 條）
19mm 寬蕾絲花邊（裙子用）　41cm
直徑 5mm 暗釦　3 組
個人喜好的花朵花樣或裝飾等　適量

製作方法

1. 縫製衣服本體表、裏布前後的褶子。

2. 袖口沿著完成線摺起來，蕾絲花邊疊放在下方，從表面車縫壓線。

3. 在袖子的裏面，將鬆緊帶一邊拉引，一邊固定。

4. 在袖山抽出皺褶。

5. 衣服本體表的肩線和袖山的中心對齊，表面對表面將袖子安裝上去。

6. 衣服本體表、裏布表面和表面對齊，從後開口～領圍～後開口車縫一圈，領圍的縫份剪出牙口，翻回表面，將形狀整理好。

7. 衣服本體表布和衣服本體裏布的袖圍是衣服本體表布那側的袖子和接縫以上部分重疊一起縫，車縫到衣服本體裏布的止縫處為止。

8. 僅縫合衣服本體表布的脇邊～袖為止，翻回表面，將脇邊縫份攤開。

9. 衣服本體裏布的脇邊表面和表面對齊車縫，將縫份攤開。

10. 裙子的下襬沿著完成線摺起來縫好。

11. 在裙子下襬縫上蕾絲花邊。

12. 2 片的網紗裙重疊，在腰部抽出皺褶。

13. 12 和裙子的腰部對齊，暫時固定住，兩片的後開口一起沿著完成線摺起來，在 6mm 處車縫。

14. 網紗裙和裙子的腰部一起再次抽出皺褶，與衣服本體表布腰部表面和表面對齊車縫。

15. 衣服本體裏布的腰部沿著完成線摺起來，縫在裙子的裏面。

16. 在後開口 3 處安裝暗釦。

17. 將個人喜好的花朵等用黏合劑黏貼在左胸和網紗裙上當作裝飾。本作品使用經過樹脂加工的壓花。

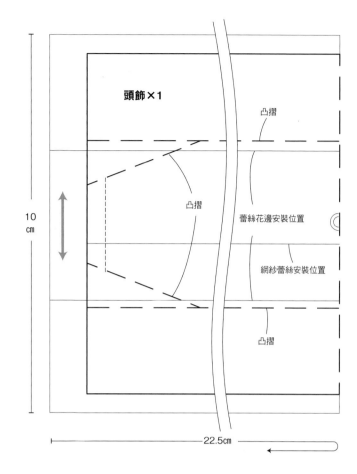

頭飾×1

凸摺

凸摺

蕾絲花邊安裝位置

網紗蕾絲安裝位置

凸摺

10 cm

22.5cm

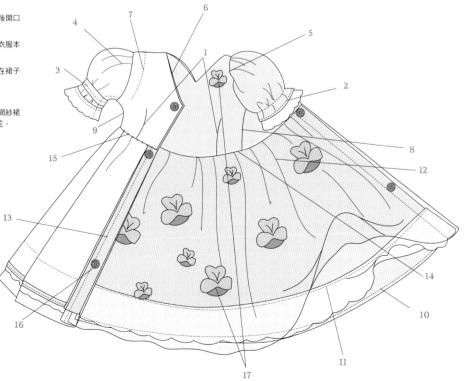

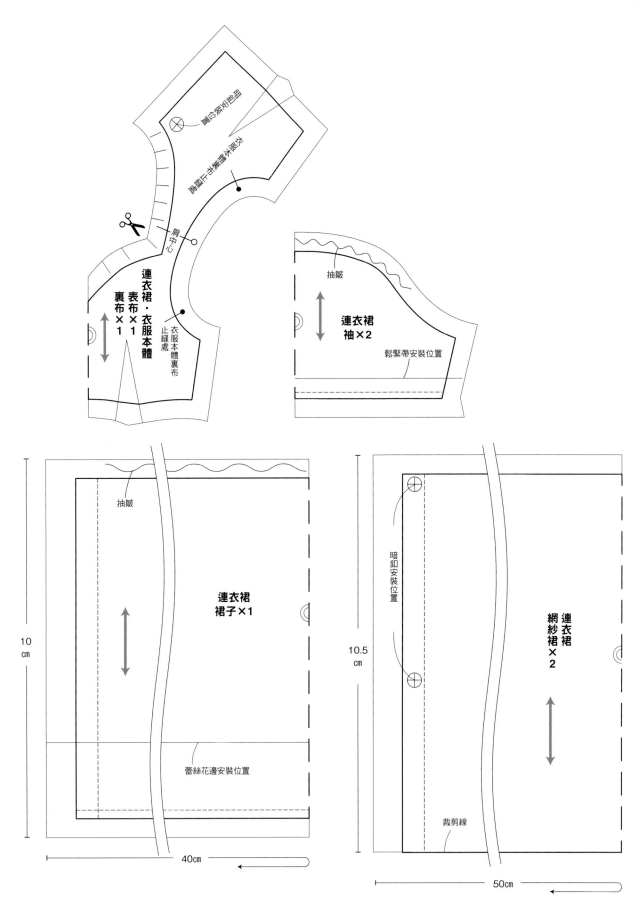

連衣裙・衣服本體
表布×1
裏布×1

肩中心

衣服本體裏布
止縫處

連衣裙
袖×2

抽皺

鬆緊帶安裝位置

抽皺

連衣裙
裙子×1

10 cm

蕾絲花邊安裝位置

40cm

暗釦安裝位置

連衣裙
網紗裙×2

10.5 cm

裁剪線

50cm

22cm 套頭圍裙

材料

棉紗・條紋布料　35cm×25cm
32mm 寬蕾絲花邊（下襬用）　30cm
5mm 寬蕾絲花邊（肩帶用）　17cm（8.5cm×2 條）
緞帶 2 種　各 30cm
直徑 5mm 暗釦　2 組
個人喜好的花朵花樣　10 片
小珍珠　10 顆
名牌標籤　1 片
天鵝裝飾　1 個

製作方法

1. 圍裙前、後片的脇邊表面對表面車縫，將縫份攤開。

2. 斜布條與袖圍表面和表面對齊車縫。

3. 縫份倒向裏側，斜布條的邊緣摺進去 5mm 車縫，剪除多出的斜布條。

4. 在圍裙前、後片的上部抽出皺褶。

5. 肩帶表布與圍裙前片的上邊，表面和表面對齊車縫在圍裙前片袖下的安裝止縫位置。

6. 圍裙後片那側也是同樣地肩帶與表布表面對表面縫合。

7. 與肩帶裏布表面和表面對齊，從背中心開始車縫上邊。

8. 7 的縫份剪出牙口，翻回表面，將肩帶的下邊縫起來。

9. 下襬沿著完成線摺起來車縫。

10. 下襬用蕾絲花邊車縫兩道固定在安裝位置。

11. 繼續車縫後開口到肩帶為止。

12. 肩帶用蕾絲花邊、花朵花樣、珠子、緞帶、名牌標籤、天鵝裝飾等個人喜好的裝飾用黏合劑等黏貼固定。

13. 在後開口安裝暗釦。

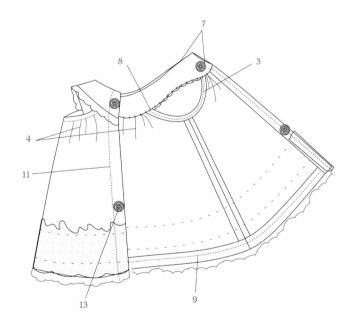

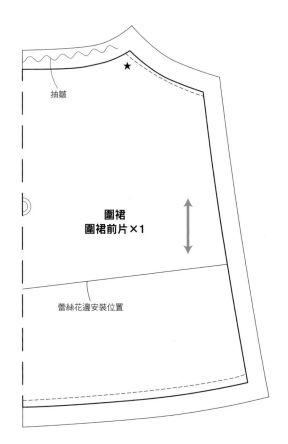

抽皺

圍裙
圍裙前片×1

蕾絲花邊安裝位置

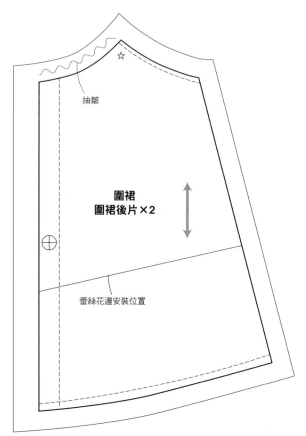

抽皺

圍裙
圍裙後片×2

蕾絲花邊安裝位置

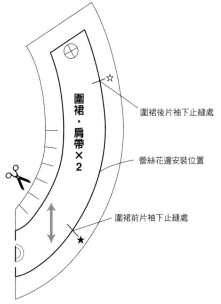

圍裙·肩帶×2

圍裙後片袖下止縫處

蕾絲花邊安裝位置

圍裙前片袖下止縫處

圍裙
袖圍斜布條×2

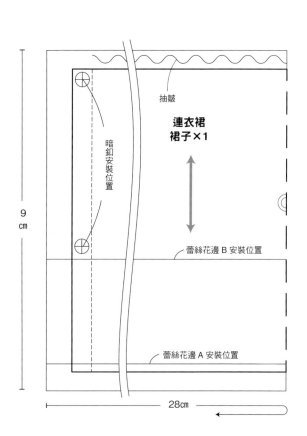

抽皺

連衣裙
裙子×1

暗釦安裝位置

蕾絲花邊 B 安裝位置

蕾絲花邊 A 安裝位置

9cm

28cm

22cm 小花連衣裙

材料

棉・花紋圖案　30cm×23cm
7mm 寬蕾絲花邊 A　46cm
（胸部裝飾用 4cm×2 條、袖口用 5cm×2 條、裙子下襬用 28cm）
32mm 寬蕾絲花邊 B（裙子下襬用）　28cm
直徑 5mm 暗釦　3 組

製作方法

1. 將 2 條胸部裝飾用蕾絲花邊 A，相對地放置在前中心，車縫壓線。

2. 領圍與貼邊表面和表面對齊，從後開口～領圍～後開口車縫一圈，領圍的縫份剪出牙口，翻回表面，將形狀整理好。

3. 在袖山和袖口抽出皺褶。

4. 袖口布和袖子口在裏側縫合，表側的縫份沿著完成線摺進去包一圈車縫。

5. 袖口用蕾絲花邊 A 疊放在袖口布車縫。

6. 衣服本體表布的肩線和袖山的中心對齊，表面對表面將袖子安裝上去。

7. 脇邊～袖表面和表面對齊車縫，剪出牙口，將脇邊的縫份攤開。

8. 裙子的下襬沿著完成線摺起來，疊放上蕾絲花邊 A 車縫。

9. 蕾絲花邊 B 車縫在裙子下襬的安裝位置。

10. 在裙子的腰部抽出皺褶，後開口沿著完成線摺起來，與衣服本體腰部表面和表面對齊車縫，縫份倒向衣服本體這側。

11. 在後開口 5mm 寬處，從衣服本體開始車縫。

12. 在後開口 3 處安裝暗釦。

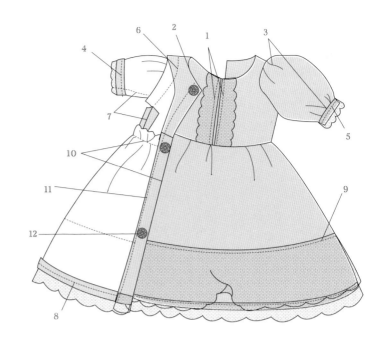

連衣裙・袖口布×2

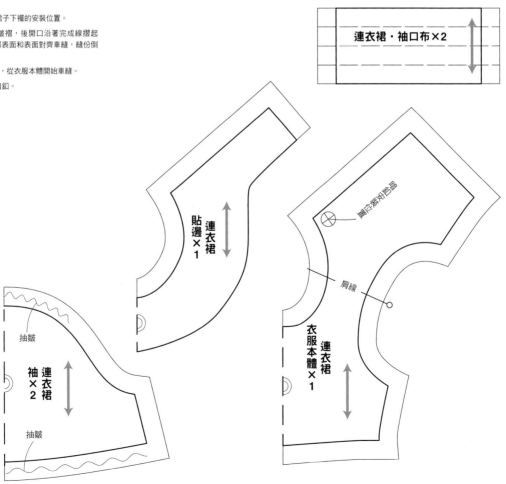

貼邊 連衣裙×1

袖×2 連衣裙

抽皺

抽皺

胸口裝飾位置

肩線

衣服本體 連衣裙×1

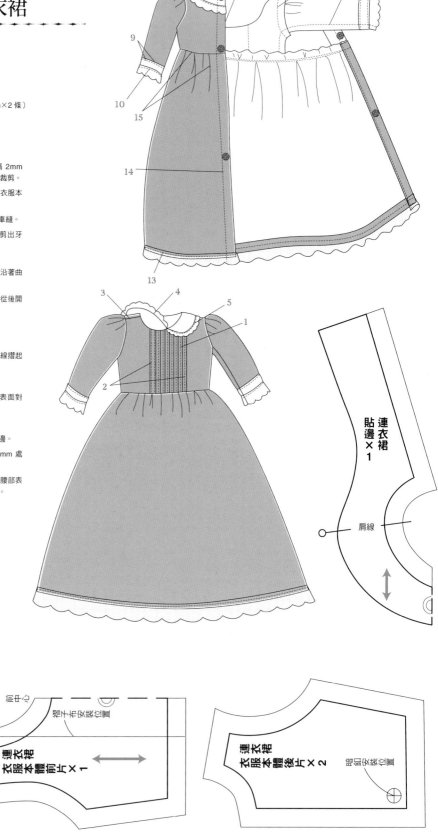

22cm 細褶圓領連衣裙

材料

棉紗・花紋圖案　35cm×30cm
棉紗・素布　25cm×10cm
10mm 寬蕾絲花邊　66cm
（下襬用 35cm、袖用 4cm×2 條、領用 11.5cm×2 條）
直徑 5mm 暗釦　3 組

製作方法

1. 在事先粗裁好的棉紗素布上摺疊 7 條間隔 2mm 寬的褶子，車縫成 1mm 寬，將紙型放上去裁剪。

2. 褶子布的左右邊沿著完成線摺起來，車縫在衣服本體前片上。

3. 衣服本體前、後片表面和表面對齊，在肩部車縫。

4. 左右領分別表面對表面縫合周圍，將縫份剪出牙口，翻回表面。

5. 在領子周圍縫上蕾絲花邊。
　※曲線較陡的部份，可以將蕾絲花邊打褶，沿著曲線縫上去。

6. 將領子夾在領圍和貼邊之間，暫時固定住，從後開口縫合。

7. 領圍的縫份剪出牙口，將貼邊翻過去。

8. 在袖山抽 皺褶。

9. 袖口布在袖子口表面對表面車縫，沿著完成線摺起來，裏側的縫份也摺起來從表面車縫。

10. 蕾絲花邊車縫在袖口布上。

11. 衣服本體表布的肩線與袖山的中心表面和表面對齊，將袖子安裝上去。

12. 袖～脇邊表面和表面對齊車縫，翻回表面。

13. 裙子的下襬沿著完成線摺起來，縫上蕾絲花邊。

14. 裙子的後開口沿著完成線摺起來，在內側 5mm 處車縫。

15. 在裙子的腰部抽出皺褶，與衣服本體表布的腰部表面和表面對齊縫合，縫份倒向衣服本體上側。

16. 在後開口 3 處安裝暗釦。

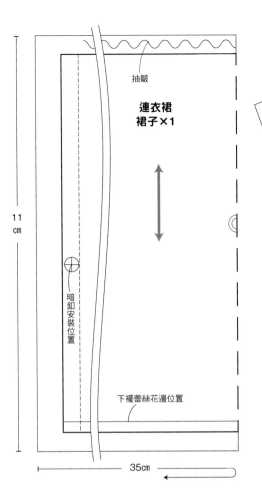

抽皺

**連衣裙
裙子×1**

11
cm

暗釦安裝位置

下襬蕾絲花邊位置

35cm

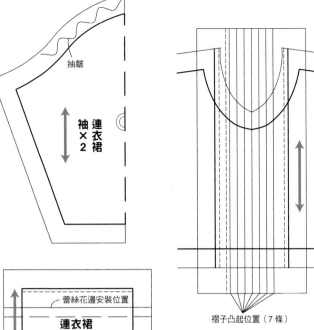

抽皺

**袖
×2** **連衣裙**

蕾絲花邊安裝位置

**連衣裙
袖口布（素布）×2**

褶子凸起位置（7 條）

**連衣裙
褶子布（素布）×1**

22cm 蕾絲披肩

材料

針織布（表布用）　30cm×6cm
棉・素布（裏布用）　30cm×6cm
65mm 寬蕾絲花邊　30cm
蕾絲花樣　大 2 片、小 1 片
名牌標籤　1 片
個人喜好的珍珠、珠子、水鑽等　適量

製作方法

1. 表布與裏布表面和表面對齊，預留返口，車縫周圍。
2. 翻回表面，將返口縫起來。
3. 縫上蕾絲花邊。
4. 用布用黏合劑黏貼個人喜好的蕾絲花樣和名牌標籤、縫製固定珍珠和珠子在右前端當作裝飾。

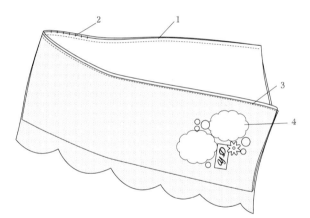

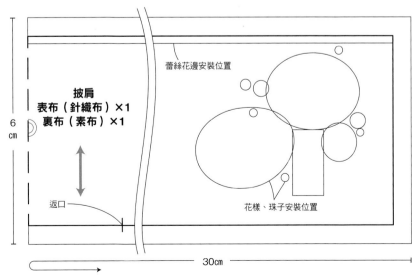

蕾絲花邊安裝位置

**披肩
表布（針織布）×1
裏布（素布）×1**

6
cm

返口

花樣、珠子安裝位置

30cm

22cm 蕾絲無袖連衣裙

材料

起皺加工棉紗　100cm×10cm
55mm 寬抽皺彈力蕾絲花邊（裏裙用）　20cm
35mm 寬蕾絲花邊 A（胸部裝飾用）　6cm
7mm 寬蕾絲花邊 B　73cm
（表裙前面裝飾用 9.5cm×4 條、表裙用 35cm）
25mm 寬蕾絲花邊 C（表裙用）　35cm
5mm 寬蕾絲花邊 D（下襬荷葉邊用）　1m
直徑 5mm 暗釦　3組

製作方法

1. 胸部裝飾用的蕾絲花邊 A 縫在衣服本體前片表布。

2. 在衣服本體後片表布縫製褶子。

3. 衣服本體前、後片的表布在肩部車縫。

4. 衣服本體前、後片的裏布也按照 2 到 3 的步驟縫合。

5. 衣服本體表、裏布表面對表面重疊，分別縫合後開口～領圍、袖圍。

6. 在領圍、袖圍的縫份剪出牙口，翻回表面，用熨斗燙平。

7. 表、裏的脇邊分別表面和表面對齊車縫。

8. 裏裙的下襬沿著完成線摺起來，抽皺彈力蕾絲花邊放在下方，從表面車縫。

9. 下襬荷葉邊的下襬沿著完成線摺起來，蕾絲花邊 D 縫在表面上。

10. 在下襬荷葉邊抽出皺褶。

11. 車縫前面裝飾用的蕾絲花邊 B 兩側在表裙上。

12. 抽皺的下襬荷葉邊與表裙的下襬表面對表面車縫。

13. 將蕾絲花邊 C 車縫在表裙的下襬，再將蕾絲花邊 B 縫在其上方。

14. 在表裙的腰部抽出皺褶，和裏裙的腰部對齊，暫時固定住，2 片的後開口一起沿著完成線摺起來，在 5mm 寬處車縫。

15. 表、裏裙的腰部一起再次抽出皺褶，與衣服本體表布的腰部表面和表面對齊車縫。

16. 衣服本體裏布的腰部沿著完成線摺起來，縫在裙子的裏面。

17. 在後開口 3 處安裝暗釦。

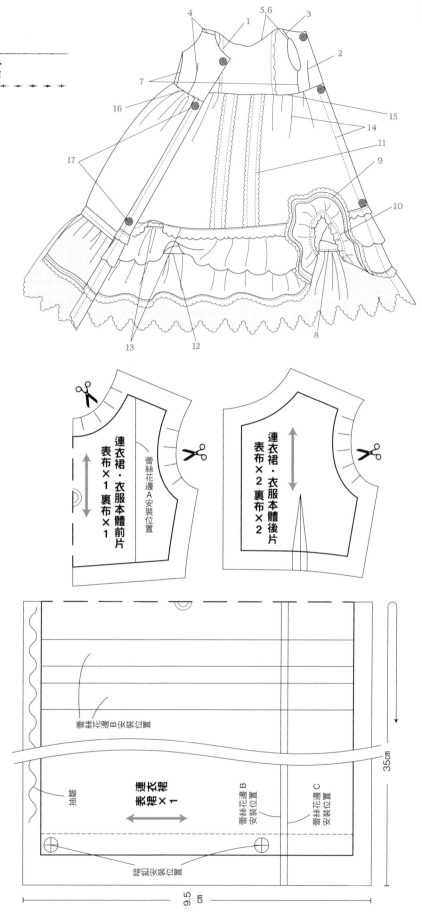

22cm 亞麻短夾克

材料

薄的亞麻　25cm×21cm
25mm 寬蕾絲花邊 A　23cm（袖用 11.5cm×2 條）
7mm 寬蕾絲花邊 B　10cm（前開口用 5cm×2 條）
25mm 寬編織帶（領用）　8.5cm

製作方法

1. 衣服本體表、裏布表面和表面對齊，車縫前中心～
   領圍～前中心，將縫份剪出牙口，翻回表面。

2. 在袖山抽出皺褶。

3. 袖口沿著完成線摺起來車縫。

4. 將抽皺的蕾絲花邊 A 車縫在袖口。

5. 衣服本體表布的肩線和袖的肩線對齊，表面對表面
   將袖安裝上去。

6. 衣服本體表布和衣服本體裏布的袖圍是衣服本體表
   布那側的袖子和接縫以上部分重疊一起縫，車縫到
   衣服本體裏布的止縫處為止。

7. 僅縫合衣服本體表布的脇邊～袖為止，翻回表面，
   將脇邊縫份攤開。

8. 衣服本體裏布的脇邊表面和表面對齊車縫，將縫份
   攤開。

9. 下襬荷葉邊的下襬沿著完成線摺起來車縫。

10. 下襬荷葉邊的上部抽出皺褶。

11. 兩端沿著完成線摺起來的荷葉邊與衣服本體表布表
    面和表面對齊車縫。

12. 衣服本體裏布下襬沿著完成線摺起來，把 11 的縫
    份包起來地縫上去。

13. 前開口沿著完成線摺起來，從前端到荷葉邊下襬縫
    上前開口用蕾絲花邊 B。

14. 在領圍縫製固定編織帶。

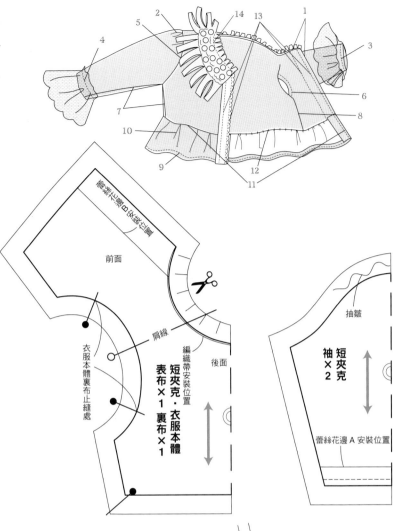

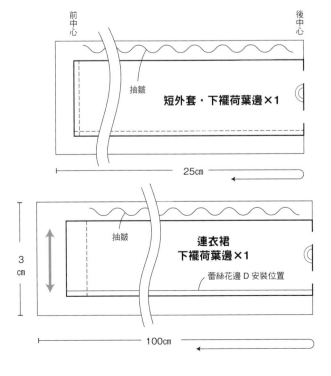

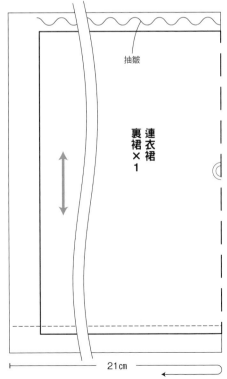

22cm 迷你帽

材料

厚的棉布　30cm×30cm
布襯　30cm×30cm
12mm 寬緞帶　69.5cm
10mm 寬蕾絲花邊　20cm
個人喜好的花　3 朵左右
棉花珍珠大　3 顆
棉花珍珠小　3 顆
名牌標籤　1 片
不織布　8cm×8cm

製作方法

1. 黏貼布襯。

2. 帽冠的後中心表面對表面車縫，將縫份攤開。

3. 帽頂與帽冠表面和表面縫合。

4. 3 的縫份修剪至 3mm 寬左右，翻回表面。

5. 將 4 片的外緣，2 片 2 片地縫合成圓形，將縫份攤開，用熨斗燙平。

6. 將外緣 2 片表面和表面對齊，車縫周圍。

7. 將周圍的縫份修剪成 3mm 寬左右。

8. 翻回表面，用熨斗整燙，在外緣的邊緣車縫。

9. 3 的帽冠和外緣縫合。

10. 縫份倒向帽冠那側，用熨斗整燙，在表側的帽冠根部邊緣壓線。

11. 緞帶和貼在裏面用的不織布用布用黏合劑黏貼。

12. 蕾絲花邊和名牌標籤用布用黏合劑黏貼在帽冠上，固定個人喜好的花瓣和珍珠。

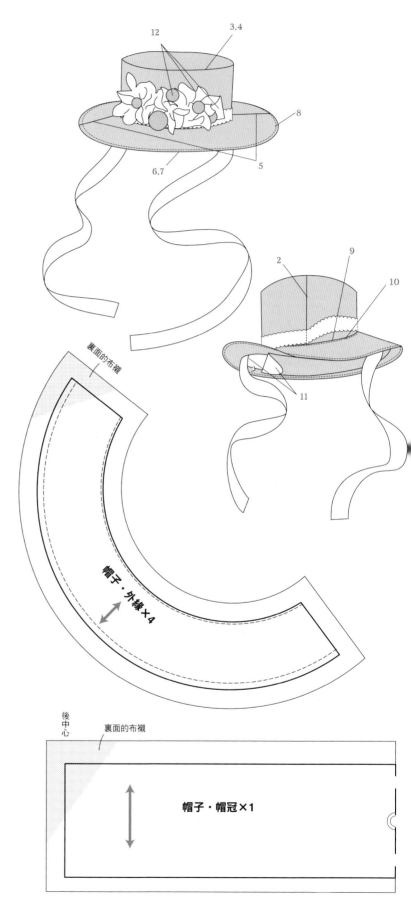

裏面的布襯

帽子・外緣×4

裏面的布襯
只黏貼在表布

帽子・帽頂×1
貼在裏面的（不織布）×1

裁剪不織布

後中心

裏面的布襯

帽子・帽冠×1

22cm 浮雕寶石連衣裙

材料

棉・花紋圖案　40cm×23cm

棉・素布（衣服本體裏布用）　14cm×12cm

5mm 寬線織蕾絲花邊　71cm（胸部裝飾用 4.5cm×2 條、袖口用 4cm×2 條、裙子下襬用 27cm×2 條）

50mm 寬打摺網紗蕾絲花邊（圍裙用）　11cm

7mm 寬絲絨緞帶（腰部用）　13cm

浮雕寶石　1 顆

直徑 5mm 暗釦　3 組

製作方法

1. 將 2 條裝飾用蕾絲花邊以 2mm 的間隔相對放置在前中心，車縫壓線。

2. 袖口沿著完成線摺起來，將袖口用的蕾絲花邊放在袖子口，從表面車縫壓線。

3. 將袖山抽出皺褶。

4. 衣服本體表布的肩線和袖山的中心對齊，表面對表面將袖子安裝上去。

5. 衣服本體表、裏布表面和表面對齊，後開口～領圍～後開口車縫一圈，領圍的縫份剪出牙口，翻回表面，將形狀整理好。

6. 衣服本體表布和衣服本體裏布的袖圍是衣服本體表布那側的袖子和接縫以上部分重疊一起縫，車縫到衣服本體裏布的止縫處為止。

7. 僅縫合衣服本體表布的脇邊～袖為止，翻回表面，將脇邊縫份攤開。

8. 衣服本體裏布的脇邊表面和表面對齊車縫，將縫份攤開。

9. 荷葉邊的下襬沿著完成線摺起來縫好。

10. 將荷葉邊抽出皺褶，在裙子的下襬表面對表面車縫。

11. 10 的縫份倒向裙子那側，在裙子的蕾絲花邊安裝位置縫上蕾絲花邊。

12. 在 11 的蕾絲花邊間隔 5mm 處再車縫一條蕾絲花邊。

13. 裙子的後開口沿著完成線摺起來，在 5mm 寬處車縫。

14. 在裙子的腰部抽出皺褶，和衣服本體表布的腰部表面和表面對齊車縫。

15. 圍裙的兩端沿著完成線摺起來車縫，在上部抽出皺褶，在裙子的圍裙安裝位置疊在抽皺的針跡上車縫。

16. 絲絨緞帶的兩端各摺 5mm 起來，縫製固定在腰部的後開口，也在兩脇邊縫製固定。

17. 在衣服本體表布的前中心固定浮雕寶石。

18. 衣服本體裏布的腰部沿著完成線摺起來，縫在裙子的裏面。

19. 在後開口 3 處安裝暗釦。

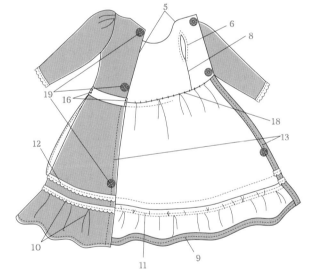

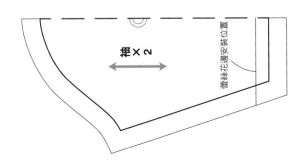

袖×2

蕾絲花邊安裝位置

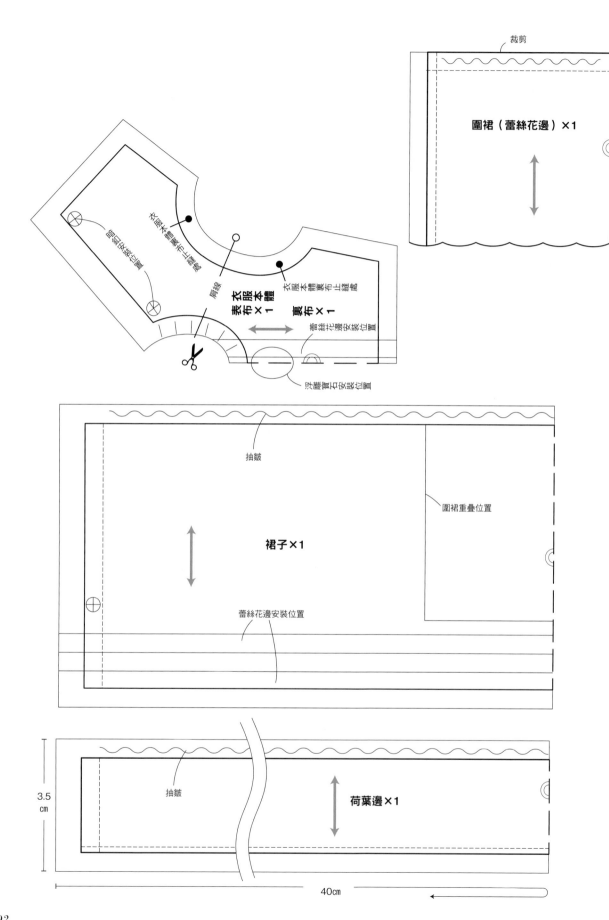

裁剪

圍裙（蕾絲花邊）×1

鋁扣按縫位置

衣服本體裏布止縫處

肩線

衣服本體
表布×1

衣服本體
裏布×1

衣服本體裏布止縫處

蕾絲花邊安裝位置

浮雕寶石安裝位置

抽皺

圍裙重疊位置

裙子×1

蕾絲花邊安裝位置

抽皺

3.5
cm

荷葉邊×1

40cm

22cm 多層連衣裙

材料

棉紗‧花紋圖案　70cm×14cm
9mm 寬蕾絲花邊　22cm（袖口用 11cm×2 條）
25mm 寬蕾絲花邊　74cm（領用 26cm、下襬用 48cm）
14mm 寬緞帶　40cm
直徑 5mm 暗釦　3 組
3mm 寬扁平鬆緊帶　11cm
個人喜好的花朵花樣　3 朵

製作方法

1. 袖口沿著完成線摺起來，在表側放上袖口用蕾絲花邊，從表面車縫壓線。

2. 在袖子裏面的鬆緊帶安裝位置，一邊將鬆緊帶拉引一邊車縫，完成後長度約 4cm。

3. 在袖山抽出皺褶。

4. 衣服本體表布的肩線和袖山的中心對齊，表面對表面將袖子安裝上去。

5. 衣服本體表、裏布表面和表面對齊，從後開口～領圍～後開口車縫一圈，領圍的縫份剪出牙口，翻回表面，將形狀整理好。

6. 衣服本體表布和衣服本體裏布的袖圍是衣服本體表布那側的袖子和接縫以上部分重疊一起縫，車縫到衣服本體裏布的止縫處為止。

7. 僅縫合衣服本體表布的脇邊～袖為止，翻回表面，將脇邊縫份攤開。

8. 衣服本體裏布的脇邊表面和表面對齊車縫，將縫份攤開。

9. 裙子③的下襬沿著完成線摺起來，疊放上下襬蕾絲花邊縫好。

10. 在裙子③的上部抽出皺褶，和裙子②的下襬表面對表面縫合，縫份倒向裙子②那側，壓平。

11. 在裙子②的上部抽出皺褶，和裙子①的下襬表面對表面縫合，縫份倒向裙子①那側，壓平。

12. 裙子的後開口沿著完成線摺起來，在內側 5mm 處車縫。

13. 在裙子的腰部抽出皺褶，與衣服本體表布的腰部表面和表面對齊縫合。

14. 將兩端沿著完成線摺起來平縫好的領用蕾絲花邊，平均地縫在領圍上。

15. 衣服本體裏布的腰部沿著完成線摺起來，縫在裙子的裏面。

16. 在後開口 3 處安裝暗釦。

17. 將緞帶寬度摺成一半，縫製固定在腰部的脇邊。

18. 在領邊固定個人喜好的花朵。

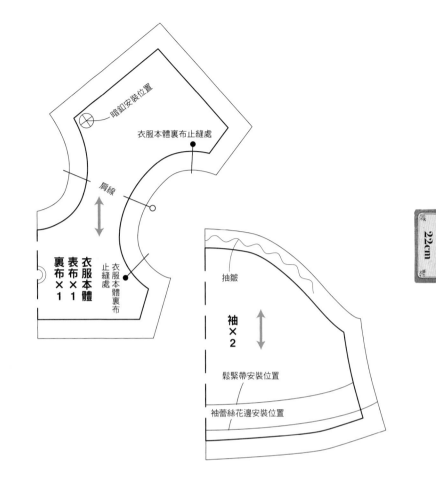

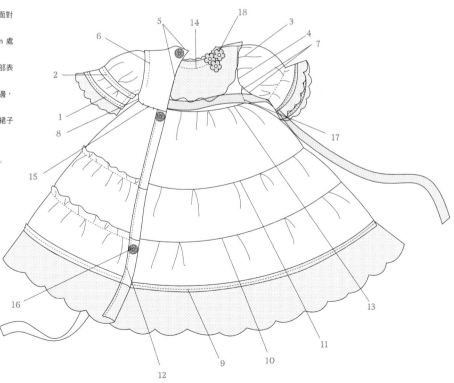

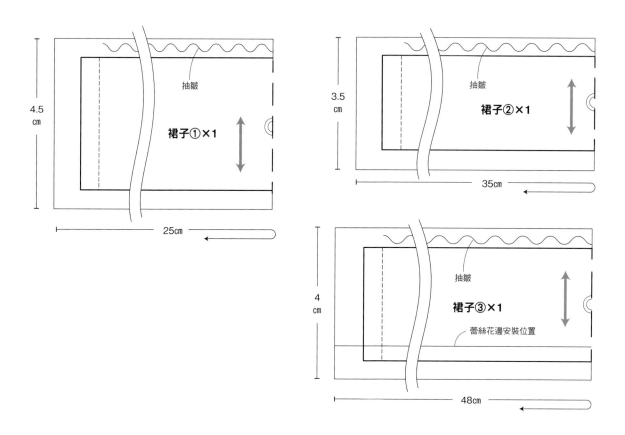

22cm 花紋圖案蝴蝶結

材料

棉紗‧花紋圖案　29cm×5cm
鐵絲　適量

製作方法

1. 蝴蝶結布的上下層分別頂底重疊 1cm，摺成 2cm 寬，用熨斗燙平。
2. 將 1 剪成 11cm、14cm、4cm。
3. 11cm 和 14cm 的緞帶分別兩端相對地接在一起。
4. 3 的中心整理成凹摺，用 4cm 的緞帶包捲起來固定好。
5. 將鐵絲彎成波浪形縫在 4 的接縫上。

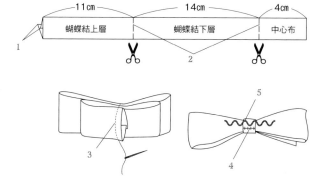

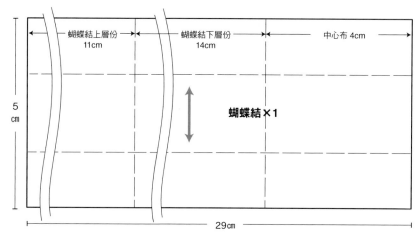

22cm 喇叭袖連衣裙

材料

棉質緞布　65cm×11cm
20mm 寬抽皺蕾絲花邊（荷葉邊用）　48cm
5mm 寬蕾絲花邊 A　37cm（袖用 4.5cm×2 條、下襬用 28cm）
10mm 寬蕾絲花邊 B　47cm
（裙子前面裝飾用 8cm×2 條、胸部裝飾用 5cm×2 條、領用 21cm）
4mm 寬絲質緞帶　28cm
直徑 5mm 暗釦　3 組

製作方法

1. 在衣服本體前片的安裝位置車縫 2 條胸部裝飾用蕾絲花邊 B。

2. 表、裏布的衣服本體前、後片皆表面和表面對齊，在肩部車縫，將縫份攤開。

3. 袖荷葉邊沿著完成線摺起來車縫。

4. 在 3 的荷葉邊上部抽出皺褶，和袖口表面對表面縫合。

5. 縫份倒向袖子那側，在表面疊放上蕾絲花邊 A 車縫壓線。

6. 在袖山抽出皺褶。

7. 衣服本體的肩線和袖山的中心對齊，表面對表面將袖子安裝上去。

8. 衣服本體表、裏布表面和表面對齊，從後開口～領圍～後開口縫合一圈，領圍的縫份剪出牙口，翻回表面，將形狀整理好。

9. 衣服本體表布和衣服本體裏布的袖圍是衣服本體表布那側的袖子和接縫以上部分重疊一起縫，車縫到衣服本體裏布的止縫處為止。

10. 僅縫合衣服本體表布的脇邊～袖為止，翻回表面，將脇邊縫份攤開。

11. 衣服本體裏布的脇邊表面和表面對齊車縫，將縫份攤開。

12. 下襬荷葉邊的下襬沿著完成線摺起來，將抽皺蕾絲花邊墊在下方車縫。

13. 在裙子的前方車縫 2 條裙子裝飾用的蕾絲花邊 B。

14. 在裙子的荷葉邊抽出皺褶，在裙子的下襬表面對表面車縫。

15. 14 的縫份倒向裙子那側，縫上下襬蕾絲花邊 A。

16. 裙子的後開口沿著完成線摺起來，在 5mm 寬處車縫。

17. 調整皺褶讓胸部裝飾蕾絲花邊和裙子裝飾蕾絲花邊的位置對齊，裙子和衣服本體表布的腰部表面對表面縫合。

18. 抽皺的領用蕾絲花邊 B 車縫在領圍上。

19. 衣服本體裏布的腰部沿著完成線摺起來，縫在裙子的裏面。

20. 打成蝴蝶結的緞帶固定在前中心。

21. 在後開口 3 處安裝暗釦。

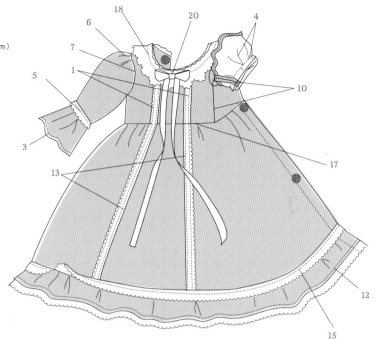

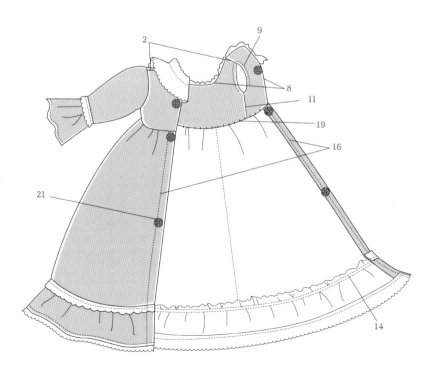

22cm

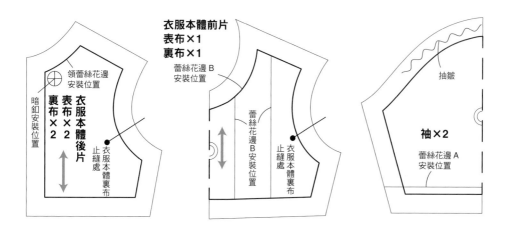

衣服本體前片
表布×1
裏布×1

領蕾絲花邊
安裝位置

暗釦安裝位置

衣服本體後片
表布×2
裏布×2

止縫處

衣服本體裏布

蕾絲花邊B
安裝位置

蕾絲花邊B
安裝位置

止縫處

衣服本體裏布

袖×2

抽皺

蕾絲花邊A
安裝位置

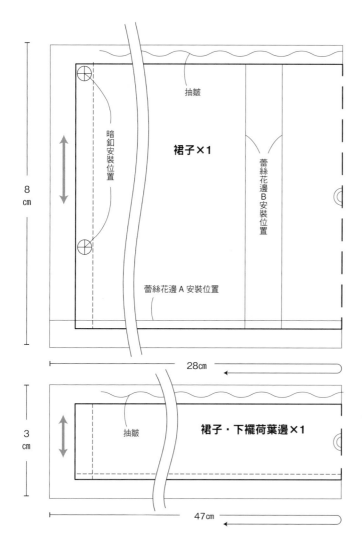

抽皺

裙子×1

暗釦安裝位置

蕾絲花邊B
安裝位置

蕾絲花邊A安裝位置

8
cm

28cm

抽皺

裙子‧下襬荷葉邊×1

3
cm

47cm

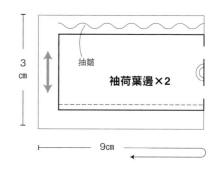

3
cm

抽皺

袖荷葉邊×2

9cm

22cm 條紋罩衫

材料

棉紗・條紋布　22cm×18cm
棉紗・白色素布（領用）　5cm×15cm
蕾絲花樣 直徑2.5cm　1 片
5mm 寬蕾絲花邊　15cm
魔術貼　0.5cm×5.5cm

製作方法

1. 左右領分別表面對表面車縫周圍，翻回表面，壓平。

2. 將領子夾在領圍和貼邊之間，暫時固定住，從後開口開始縫合。

3. 領圍的縫份剪出牙口，將貼邊翻過去。

4. 在袖山抽出皺褶。

5. 袖口沿著完成線摺起來，縫上蕾絲花邊。

6. 將鬆緊帶一邊拉引，一邊車縫在袖口的裏面。

7. 衣服本體表布的肩線和袖山的中心對齊，表面對表面將袖子安裝上去。

8. 袖～脇邊表面和表面對齊車縫，將縫份攤開。

9. 衣服本體的下襬沿著完成線摺起來車縫。

10. 在後開口縫製固定魔術貼。

11. 蕾絲花樣用用布用黏合劑黏貼在胸部。

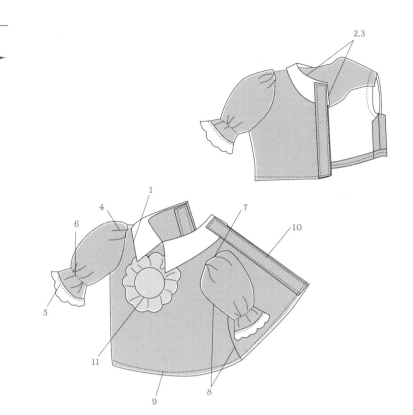

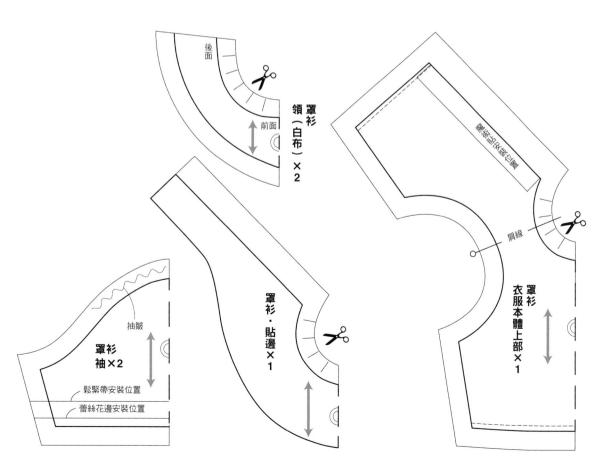

後面
前面
罩衫
領（白布）×2

罩衫・貼邊×1

罩衫
衣服本體上部×1
肩線

罩衫
袖×2
抽皺
鬆緊帶安裝位置
蕾絲花邊安裝位置

22cm 背心裙

材料

亞麻布　30cm×15cm
35mm 寬蕾絲花邊（下襬用）　30cm
7mm 寬蕾絲花邊（肩帶用）　20cm（10cm×2 條）
直徑 5mm 暗釦　3 組
個人喜好的蕾絲花樣　4 片
小珍珠　12 顆
名牌標籤　1 片

製作方法

1. 肩帶布沿著完成線摺起來，將蕾絲花邊夾在中間車縫。
2. 將 2 條肩帶傾斜地縫合在前中心。
3. 將肩帶夾在胸墊布的後側，車縫表、裏胸墊布的後中心～上邊，翻回表面。
4. 裙子的下襬沿著完成線摺起來車縫。
5. 將蕾絲花邊車縫在裙子下襬的安裝位置。
6. 裙子的後開口沿著完成線摺起來，在 5mm 寬處車縫。
7. 裙子的腰布抽出皺褶，與胸墊布表布的腰部表面和表面對齊車縫。
8. 胸墊布裏布的腰部沿著完成線摺起來，縫在裙子的裏面。
9. 肩帶的前中心和胸墊布的前中心對齊縫製固定，也在胸墊布的邊角縫置固定。
10. 一邊注意整體均衡，一邊固定蕾絲花樣和珠子。
11. 在胸墊布的前中心固定 3 顆珍珠。
12. 在後開口安裝暗釦。

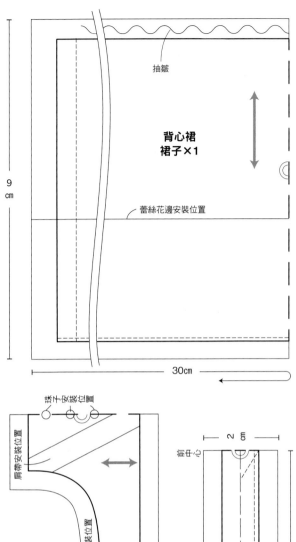

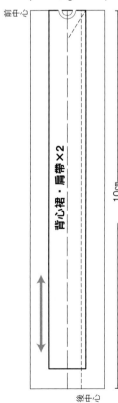

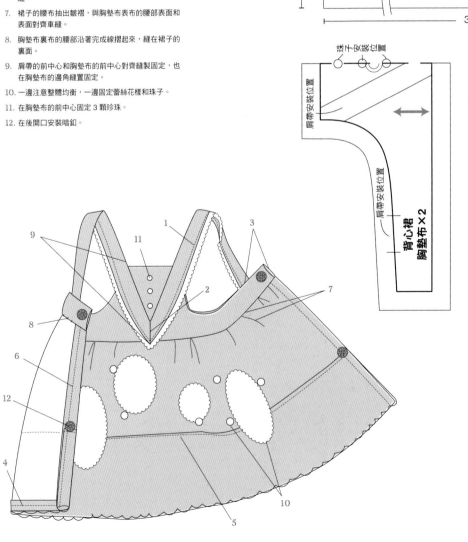

22cm 毛皮披肩外套

材料

薄的燈芯絨（表布用） 25cm×20cm
棉紗・花紋圖案（裏布用） 25cm×20cm
毛皮（袖口布用、毛皮披肩用） 17cm×17cm
棉紗・黑布（袖口布裏布用、毛皮披肩裏布用）
17cm×17cm
3mm 寬緞帶 22cm（毛皮披肩用 11cm×2 條）
直徑 8mm 帶腳鈕釦 3 顆
直徑 5mm 暗釦 2 組

製作方法

1. 表布的衣服本體前、後片與袖表面對表面縫合，將
   縫份攤開，壓平。

2. 裏布的衣服本體前、後片與袖表面對表面縫合，將
   縫份攤開，壓平。

3. 1、2 表面和表面對齊，車縫前中心～領圍～前中
   心，將縫份剪出牙口。

4. 表、裏袖口表面對表面車縫，將縫份攤開，壓平。

5. 將衣服本體前片穿過表、裏袖之間，表袖和衣服本
   體表布、裏袖和衣服本體裏布分別表面對表面重
   疊，縫製袖下～脇邊，在袖圍下方剪出牙口（參照
   p66 燈芯絨短外套步驟 5 圖）。

6. 下襬預留返口，表面對表面車縫。

7. 翻回表面，用錐子等工具將門襟的邊角推出，將形
   狀整理好，壓平。

8. 將返口縫起來。

9. 在薄紙上描畫袖口布的紙型，疊放在表面對表面重
   疊的毛皮和裏布上，預留紙型上方的返口車縫，將
   薄紙撕破取下。

10. 縫份修剪為 2mm 寬，翻回表面，將返口縫起來。

11. 將 9 對接成圈狀縫起來，穿過袖口，在中央和袖下
    2 處縫製固定。

12. 在右前開口 3 處安裝帶腳鈕釦。

13. 安裝 2 處暗釦。

14. 毛皮披肩同 9 的袖口布同樣地疊放上薄紙的紙型，
    毛皮和裏布預留返口表面對表面車縫，縫份修剪成
    2mm 寬，翻回表面，將返口縫起來。

15. 在毛皮披肩的裏布牢固地縫上緞帶。

16. 在毛球的周圍平縫，將縫線拉緊，讓緞帶的末端不
    會脫落地埋進去縫製固定。

外套・袖口布
表布（毛皮）×2
裏布（素布）×2
返口

毛球
（毛皮）
×2

返口

毛皮披肩
表布（毛皮）×1
裏布（素布）×1

緞帶安裝位置
（只在裏布）

22cm

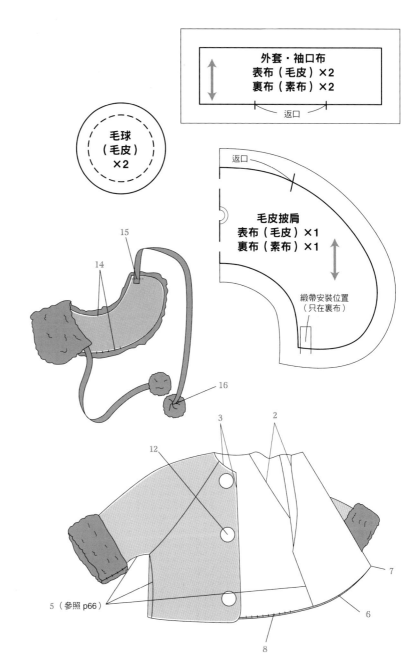

5（參照 p66）

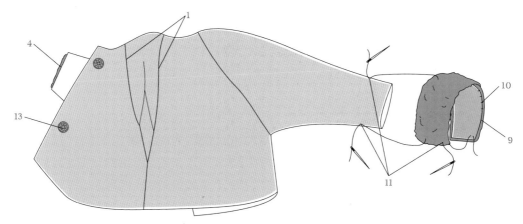

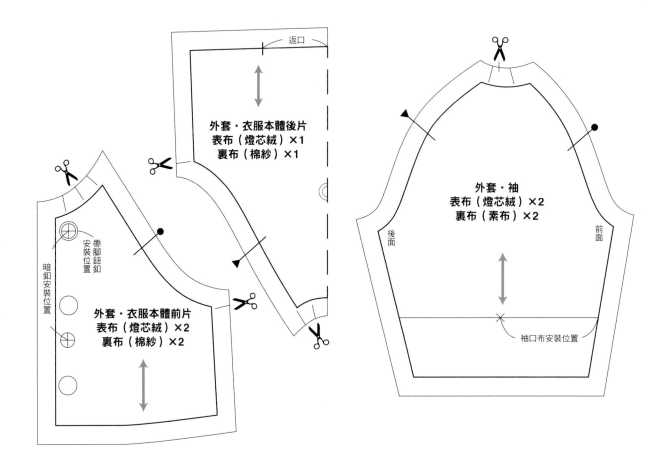

返口

外套・衣服本體後片
表布（燈芯絨）×1
裏布（棉紗）×1

暗釦安裝位置

帶腳鈕釦
安裝位置

外套・衣服本體前片
表布（燈芯絨）×2
裏布（棉紗）×2

外套・袖
表布（燈芯絨）×2
裏布（素布）×2

後面

前面

袖口布安裝位置

22cm 對接連衣裙

材料

針織布（衣服本體上部用） 31cm×10cm
棉・印花布 36cm×20cm
魔術貼 0.7cm×11.5cm

製作方法

1. 衣服本體前、後片表面和表面對齊，在肩部車縫，將縫份攤開。

2. 領子布在衣服本體領圍表面對表面車縫。

3. 領子布的縫份往裏側翻過去包一圈，沿著領圍的邊緣車縫壓線。

4. 袖口沿著完成線摺起來車縫。

5. 將袖山縮縫，衣服本體和袖表面對表面縫合。

6. 車縫脇邊～袖下，將縫份剪出牙口。

7. 後開口沿著完成線摺起來。

8. 裙子的下襬沿著完成線摺起來車縫。

9. 裙子的後開口沿著完成線摺起來，在內側 5mm 處車縫。

10. 在裙子的腰部抽出皺褶，夾在兩片腰帶之間，車縫腰帶的下邊。

11. 腰帶的兩端往中間摺進來，上邊沿著完成線摺起來。

12. 將衣服本體上部夾在腰帶上邊之間，在周圍車縫一圈。

13. 在領子到裙子的後開口部分縫製固定魔術貼。

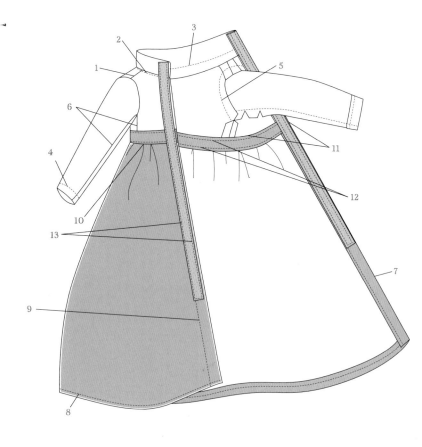

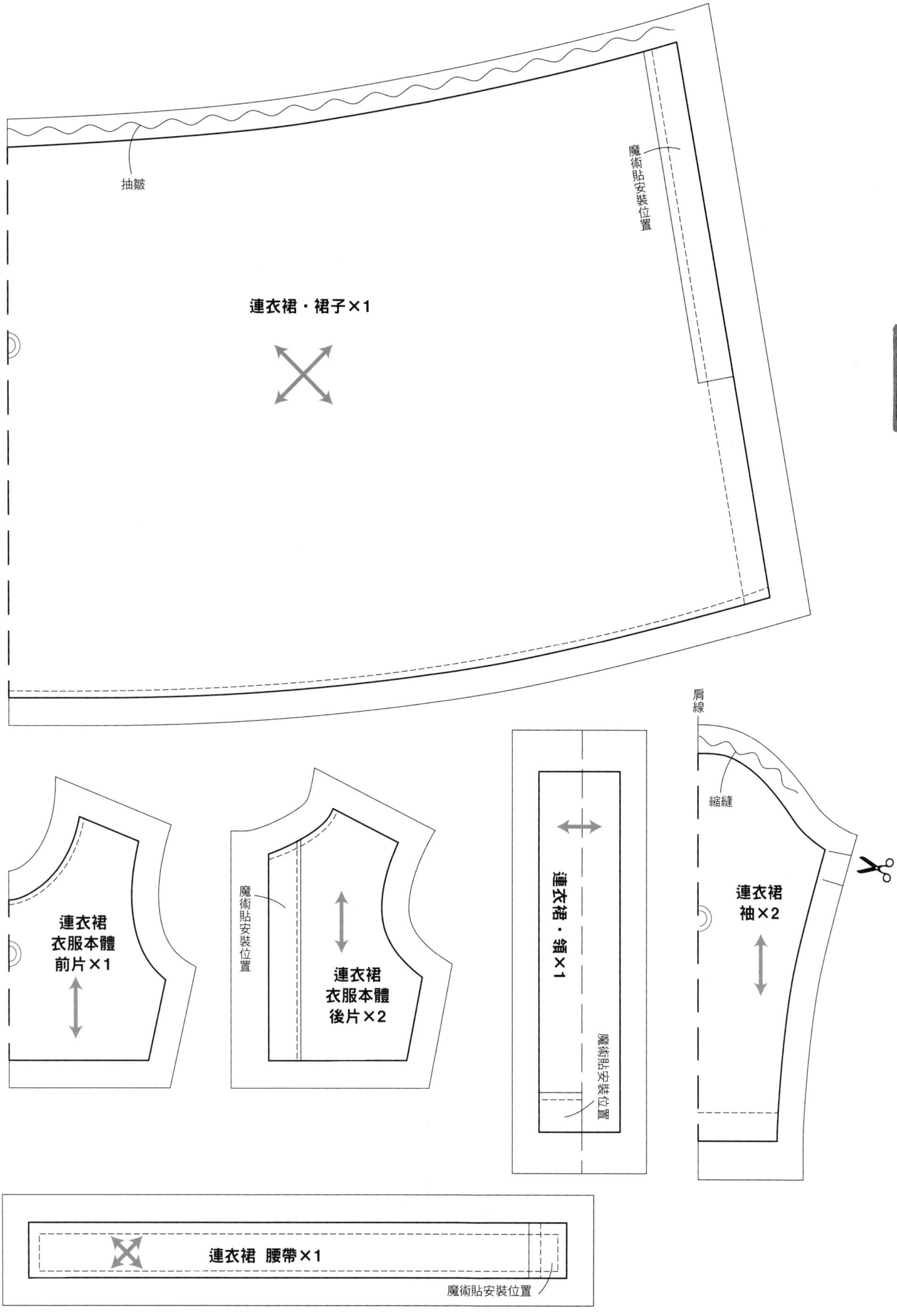

抽皺

魔術貼安裝位置

連衣裙・裙子×1

22cm

肩線

縮縫

連衣裙
衣服本體
前片×1

魔術貼安裝位置

連衣裙
衣服本體
後片×2

連衣裙・領×1

魔術貼安裝位置

連衣裙
袖×2

連衣裙　腰帶×1

魔術貼安裝位置

Blythe 高筒襪

材料

薄的針織布　16cm×11cm

製作方法（共通）

1. 襪口摺起來縫好。
2. 後中心表面對表面車縫。
3. 2 的縫份修剪成 2mm 寬，翻回表面。
   ※因為厚度根據使用的布料而有所不同，請調整成
   　適當的縫份寬度。

EX☆CUTE 高筒襪

材料

薄的針織布　16cm×12cm

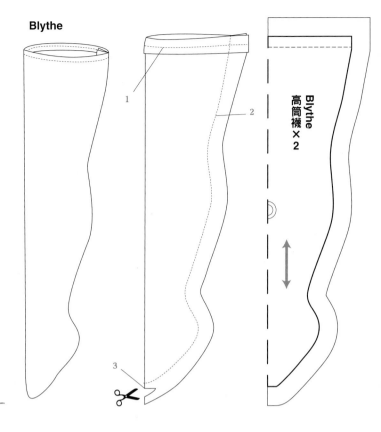

Blythe

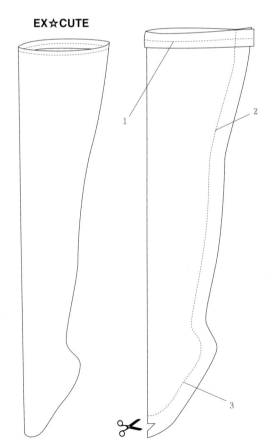

EX☆CUTE

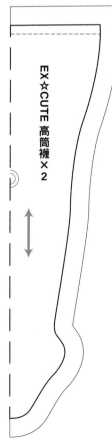

27cm 腰部裝飾垂邊罩衫

材料

棉紗・印花布（罩衫用） 42cm×12cm
棉・米色布（衣服本體前片用、貼邊用） 17cm×12cm
4mm 寬蕾絲花邊 A（胸部裝飾用） 20cm
（胸部裝飾用 6cm×3 條）
10mm 寬蕾絲花邊 B（胸部裝飾用） 35cm
（胸部裝飾用 3cm×2 條、6cm×4 條）
3mm 珠子 8 顆
直徑 5mm 暗鈕 2 組

製作方法

1. 剪 3 條 6cm 的胸部裝飾用蕾絲花邊 A，車縫在衣服本體前片的安裝位置。

2. 剪 2 條 3cm 的胸部裝飾用蕾絲花邊 B，車縫在衣服本體前片的安裝位置。

3. 衣服本體前片與衣服本體前脇邊表面對表面車縫，將縫份攤開。

4. 剪 4 條 6cm 的胸部裝飾用蕾絲花邊 B，2 條車縫在左右的衣服本體前脇邊安裝位置，剩下的 2 條車縫在衣服本體前片的安裝位置。

5. 衣服本體前、後片表面和表面對齊，在肩部車縫，將縫份攤開。

6. 領圍和貼邊表面和表面對齊，後開口～領圍～後開口車縫一圈，領圍縫份剪出牙口，翻回表面，將形狀整理好。

7. 袖荷葉邊抽出皺褶，疊放在袖口，從表面車縫壓線。

8. 將袖山縮縫，袖和貼邊一起和衣服本體表面對表面縫合。

9. 脇邊～袖下表面和表面對齊車縫，剪出牙口，將脇邊的縫份攤開。

10. 下襬荷葉邊的兩端沿著完成線摺起來，抽出皺褶，車縫在衣服本體的下襬。

11. 在後開口車縫壓線。

12. 在後開口 2 處安裝暗鈕。

13. 在前中心固定珠子。

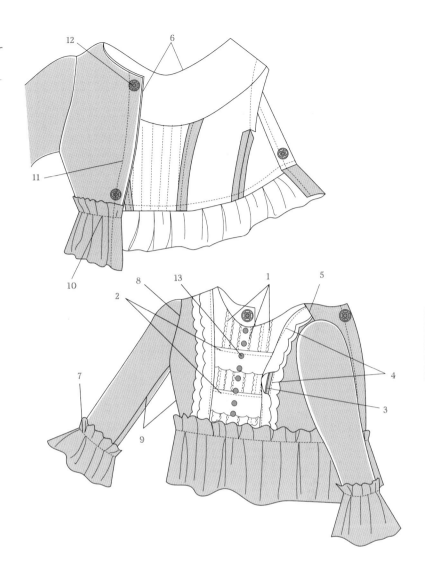

27cm

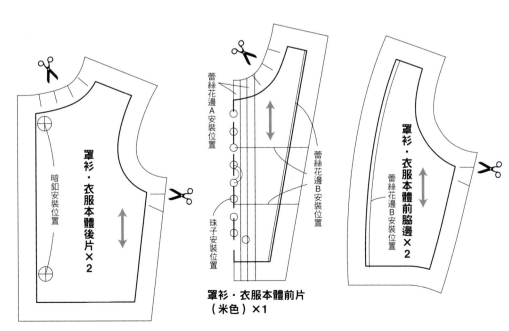

罩衫・衣服本體後片×2
暗鈕安裝位置

蕾絲花邊 A 安裝位置
蕾絲花邊 B 安裝位置
珠子安裝位置

罩衫・衣服本體前片
（米色）×1

罩衫・衣服本體前脇邊×2
蕾絲花邊 B 安裝位置

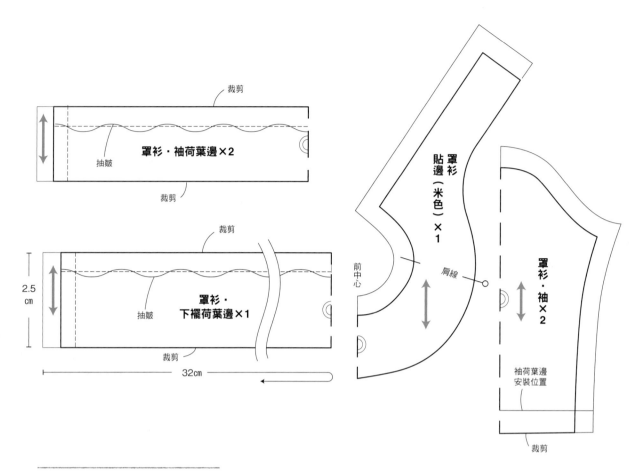

裁剪

罩衫・袖荷葉邊×2

抽皺

裁剪

裁剪

2.5 cm

罩衫・
下襬荷葉邊×1

抽皺

裁剪

32cm

罩衫貼邊（米色）×1

前中心

肩線

罩衫・袖×2

袖荷葉邊安裝位置

裁剪

27cm 裙子

材料

棉紗・印花布（裙子用）　75cm×15cm
網紗蕾絲花邊（圍裙用）　15cm×10cm
20mm 寬蕾絲花邊 C　62cm（裙子下襬用 31cm×2 條）
直徑 5mm 暗釦　1 組

製作方法

1. 裙子②沿著完成線摺起來，蕾絲花邊 C 分別放置在上邊和下邊的下面，從表面車縫壓線。
2. 裙子①沿著完成線摺起來，和裙子②上邊的蕾絲花邊 C 縫合。
3. 在下襬荷葉邊抽出皺褶，將蕾絲花邊 C 車縫在裙子②下邊。
4. 在裙子的腰部抽出皺褶，後開口沿著完成線摺起來。
5. 圍裙的兩端沿著完成線摺起來車縫，在上部抽皺縮成 4cm 長。
6. 5 的圍裙和裙子的腰部在前中心對齊，暫時固定住，在腰帶的裏側縫合。
7. 腰帶的兩端摺進去，表側的縫份沿著完成線摺進去包一圈，從表面車縫。
8. 車縫下襬到開口止縫處的後中心，將縫份攤開。
9. 在後開口安裝暗釦。

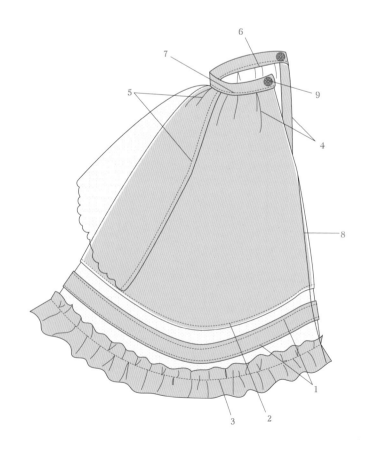

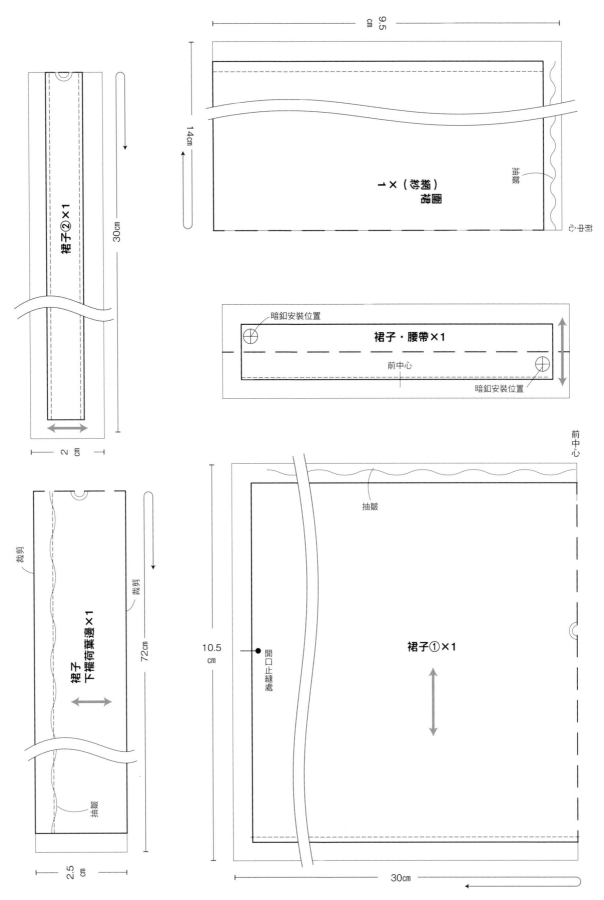

裙子②×1

30cm

2 cm

9.5 cm

14cm

圍裙（紗）×1

抽皺

前中心

暗釦安裝位置

裙子・腰帶×1

前中心

暗釦安裝位置

裁剪

裁剪

裙子
下襬荷葉邊×1

72cm

抽皺

2.5 cm

前中心

抽皺

10.5 cm

裙子①×1

開口止縫處

30cm

27cm

27cm 睡衣

材料

棉紗・花紋圖案　35cm×27cm
6mm 寬蕾絲花邊 A　8cm（前面裝飾用 4cm×2 條）
11mm 寬荷葉邊蕾絲花邊 B（門襟用）　4cm
37mm 寬蕾絲花邊 C　80cm（袖用 9cm×2 條、下襬用 60cm）
2mm 珠子　6 顆
直徑 5mm 暗釦　4 組

製作方法

1. 在肩育克縫上蕾絲花邊 A，在前中心縫上蕾絲花邊 B。
2. 表、裏育克表面和表面對齊，後開口～領圍～後開口車縫一圈，領圍的縫份剪出牙口，翻回表面，將形狀整理好。
3. 在袖山抽出皺褶。
4. 表育克的肩線和袖山的中心對齊，表面對表面將袖子安裝上去。
5. 衣服本體表布和衣服本體裏布的袖圍是衣服本體表布那側的袖子和接縫以上部分重疊一起縫，車縫到衣服本體裏布的止縫處為止。
6. 僅縫合衣服本體表布的脇邊～袖為止，翻回表面，將脇邊縫份攤開。
7. 衣服本體裏布的脇邊表面和表面對齊車縫，將縫份攤開。
8. 裙子的下襬沿著完成線摺來車縫。
9. 將下襬用的蕾絲花邊 C 抽出皺褶，車縫在安裝位置。
10. 後開口沿著完成線摺起來，在內側 5mm 處車縫。
11. 裙子的腰部抽出皺褶，與表肩育克的腰部表面和表面對齊縫合。
12. 裏肩育克的腰部沿著完成線摺起來，縫在裙子的裏面。

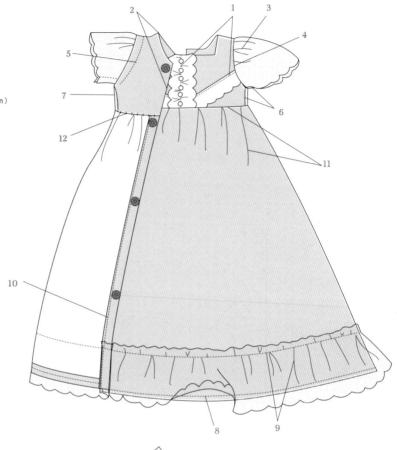

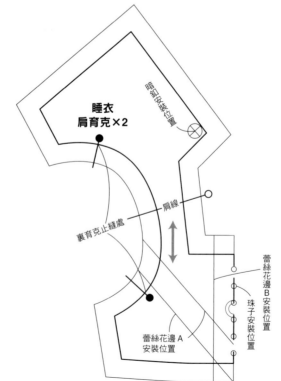

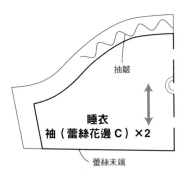

抽皺

睡衣
袖（蕾絲花邊 C）×2

蕾絲末端

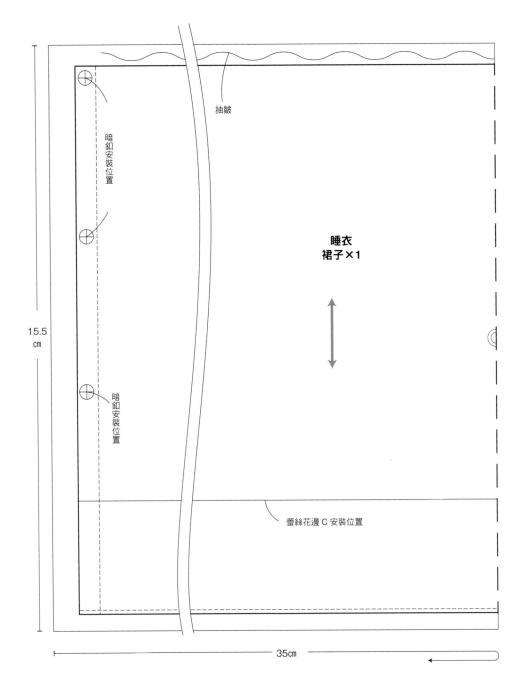

抽皺

27cm

暗釦安裝位置

睡衣
裙子×1

暗釦安裝位置

15.5
cm

蕾絲花邊 C 安裝位置

35cm

27cm 亞麻長袍

材料

薄的亞麻針織布　75cm×40cm
10mm 寬蕾絲花邊　45cm
（袖用 5cm×2 條、下襬用 35cm）
4mm 寬編織帶　50cm
（袖口用 5cm×2 條、領圍用 40cm）
花朵花樣　7 片
小珍珠　3 顆
2mm 珠子　7 顆

製作方法

1. 衣服本體表、裏布表面和表面對齊，車縫前中心～領圍～前中心，縫份剪出牙口，翻回表面。
2. 在袖口車縫蕾絲花邊。
3. 將袖口用的荷葉邊抽出皺褶，縫在袖子上。
4. 編織帶縫在 3 的接縫上。
5. 將袖山抽出皺褶。
6. 衣服本體表布的肩線和袖山的中心對齊，表面對表面將袖子安裝上去。
7. 衣服本體表布和衣服本體裏布的袖圍是衣服本體表布那側的袖子和接縫以上部分重疊一起縫，縫到脇下留 1cm 左右不要縫。
8. 僅縫合衣服本體表布的脇邊～袖為止，翻回表面，將脇邊縫份攤開。
9. 衣服本體裏布的脇邊表面和表面對齊縫合，將縫份攤開。
10. 裙子的下襬沿著完成線摺起來，縫上蕾絲花邊。
11. 抽皺的下襬荷葉邊車縫在裙子下襬的安裝位置。
12. 裙子的兩端沿著完成線摺起來車縫。
13. 將裙子的上部抽出皺褶，與衣服本體表布的腰部表面對表面縫合。
14. 衣服本體裏布的下襬沿著完成線摺起來，將 13 的縫份包起來地縫上去。
15. 將編織帶縫在領圍上。
16. 將花朵花樣和珠子等固定在領圍的左側。

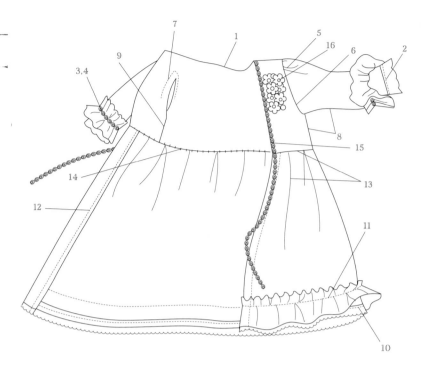

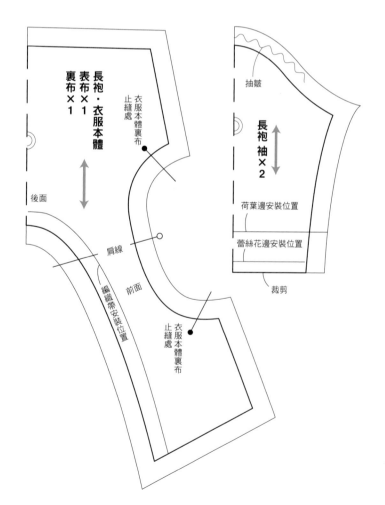

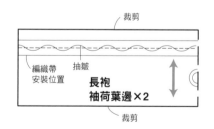

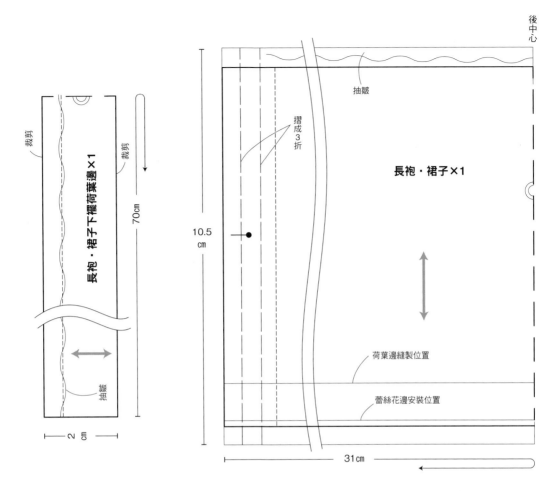

後中心

抽皺

摺成3折

長袍‧裙子×1

10.5 cm

荷葉邊縫製位置

蕾絲花邊安裝位置

31cm

裁剪

裁剪

70cm

長袍‧裙子下襬荷葉邊×1

抽皺

2 cm

27cm

27cm 頭飾

材料

不織布　2cm×10cm
16mm 寬蕾絲花邊　10cm
4mm 寬絲質緞帶　40cm
（下巴帶子用 15cm×2 條、裝飾用 10cm）
花朵花樣　3 片
小珍珠　3 顆
2mm 珠子　3 顆
名牌標籤　1 片

製作方法

1. 蕾絲花邊重疊在不織布上縫合。
2. 在末端疊上緞帶縫製固定。
3. 兩端往裏側摺進來縫合。
4. 裝飾上個人喜好的花朵花樣、珠子和蝴蝶結。

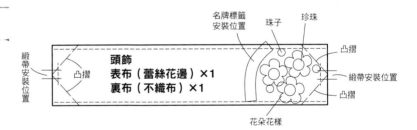

緞帶安裝位置

凸摺

頭飾
表布（蕾絲花邊）×1
裏布（不織布）×1

名牌標籤安裝位置

珠子

珍珠

凸摺

緞帶安裝位置

凸摺

花朵花樣

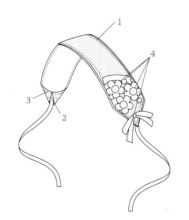

27cm 無袖連衣裙

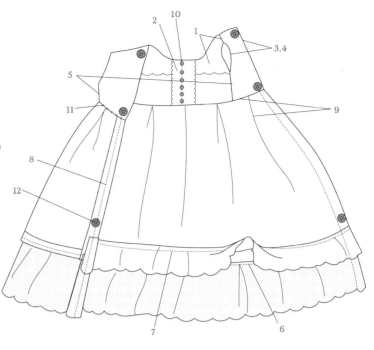

材料

棉紗・素布　30cm×15cm
棉紗・條紋　40cm×10cm
30mm 寬蕾絲花邊 A　45cm（衣服本體前片用 8cm、裙子用 35cm）
18mm 寬蕾絲花邊 B（裙子用）　40cm
12mm 寬蕾絲花邊 C（前面裝飾用）　5cm
2mm 珠子　6 顆
直徑 5mm 暗釦　3 組

製作方法

1. 在衣服本體前片表布疊上胸部裝飾用蕾絲花邊 A，
   與衣服本體後片表布表面和表面對齊，在肩部縫
   合。
2. 將蕾絲花邊 C 一條車縫在衣服本體前片表布的前中
   心。
3. 衣服本體表、裏布表面對表面重疊，分別縫合後開
   口～領圍、袖圍。
4. 領圍、袖圍的縫份剪出牙口，翻回表面，用熨斗壓
   燙。
5. 表、裏布的脇邊分別表面和表面對齊車縫。
6. 裙子的下襬沿著完成線摺起來，縫上蕾絲花邊 A。
7. 蕾絲花邊 B 車縫在裙子的蕾絲花邊 B 安裝位置。
8. 裙子的後開口沿著完成線摺起來，在 5mm 寬處車
   縫。
9. 裙子的腰部抽出皺褶，與衣服本體表布的腰部表面
   和表面對齊車縫。
10. 在衣服本體前片的中心均等地固定珠子。
11. 衣服本體裏布的腰部沿著完成線摺起來，縫在裙子
    的裏面。
12. 在後開口 3 處安裝暗釦。

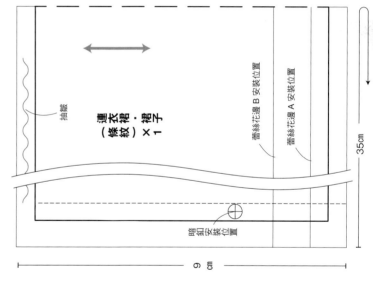

momokoDOLL 高筒襪

材料

薄的針織布　15cm×13cm

製作方法（共通）

1.　襪口摺起來縫好。

2.　後中心表面對表面車縫。

3.　2的縫份修剪成 2mm 寬，翻回表面。
　　※因為厚度根據使用的布料而有所不同，請調整成
　　　適當的縫份寬度。

iMda2.6 高筒襪

材料

薄的針織布　16cm×12cm

momokoDOLL

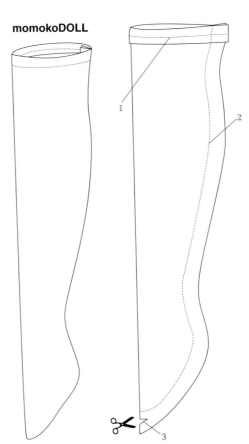

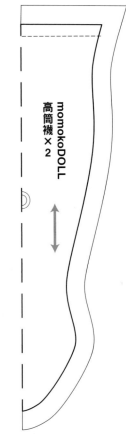

momokoDOLL
高筒襪 × 2

27cm

iMda2.6

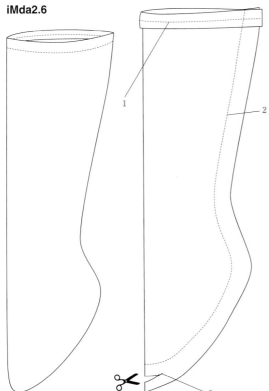

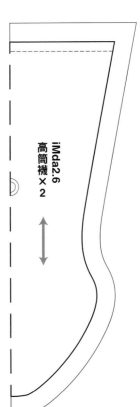

iMda2.6
高筒襪 × 2

Profile

1979 年生於東京
2004 年開始製作 Blythe 的服裝
2011 年成立 Rosalynnperle
親手企劃、經營、設計

Rosalynnperle

http://rosalynnperle.shop-pro.jp

Staff

Book design　橘川幹子

Photo　福井裕子　山本和正

Illust & 作圖　為季法子

人偶贊助　株式會社 AZONE INTERNATIONAL
　　　　　株式會社 OBITSU 製作所

Special Thanks　山本優子　瑠璃にゃん

製作方法頁編輯　高柳珠江

企劃・編輯　長又紀子（グラフィック社）

國家圖書館出版品預行編目（CIP）資料

甜蜜的童話故事：娃娃服裝穿搭與製作 / 11cm、20cm、
22cm、27cm 娃娃服飾 / Rosalynnperle 作；李冠慧翻譯.
-- 新北市：北星圖書, 2020.07
　面；　公分
　ISBN 978-957-9559-40-9(平裝)

1.洋娃娃 2.手工藝

426.78　　　　　　　　　　　　　　109006235

Doll Coordinates Recipe
Sweet Fairy Tale
甜美的童話故事
娃娃服裝穿搭與製作

11cm、20cm、22cm、27cm 娃娃服飾

作　　者／Rosalynnperle
翻　　譯／李冠慧
發 行 人／陳偉祥
發　　行／北星圖書事業股份有限公司
地　　址／234新北市永和區中正路458號B1
電　　話／886-2-29229000
傳　　真／886-2-29229041
網　　址／www.nsbooks.com.tw
E-MAIL／nsbook@nsbooks.com.tw
劃撥帳戶／北星文化事業有限公司
劃撥帳號／50042987
製版印刷／皇甫彩藝印刷股份有限公司
出 版 日／2020年7月
I S B N／978-957-9559-40-9
定　　價／450元

如有缺頁或裝訂錯誤，請寄回更換。

© 2019 Rosalynnpelre
© 2019 Graphic-sha Publishing Co., Ltd.
This book was first designed and published in Japan in 2019
by Graphic-sha Publishing Co., Ltd.
This Complex Chinese edition was published in 2020 by
NORTH STAR BOOKS CO., LTD

Japanese edition creative staff
Book design: Motoko Kitsukawa
Photographs: Yuko Fukui, Kazumasa Yamamoto
Patterns and illustrations: Noriko Tamesue
Doll cooperation:
AZONE INTERNATIONAL Co.,Ltd.
Obitsu Plastic Manufacturing Co.,Ltd.
Special thanks: Yuko Yamamoto, rurinyan
Instruction page editing: Tamae Takayanagi
Planning and editing: Noriko Nagamata (Graphic-sha
Publishing Co., Ltd.)

臉書粉絲專頁　　　　　　LINE 官方帳號